Wellensittiche und andere Papageien

ratgeber ht

Viel Geduld erfordert die Sprecherziehung der Papageienvögel. Eingehend wird dieses Thema auf den Seiten 98 ff. behandelt.

Wellensittiche und andere Papageien

Von Siegfried Schmitz

Humboldt-Taschenbuchverlag

humboldt-taschenbuch 285
Umschlagfoto: Dr. Hans Jesse
Innenbebilderung: Klaus Paysan (nach Seite 16, nach Seite 48, nach Seite 80, vor Seite 113)
Horst Müller (vor Seite 17, vor Seite 49, vor Seite 81, nach Seite 112)
Frontispiz: Bilderdienst Süddeutscher Verlag

Druck: Elsnerdruck GmbH, Berlin
Printed in Germany
ISBN 3-581-66285-X

5 * 84

Inhalt

Vorwort

Der Titel dieses Buches enthält wahrscheinlich eine überraschende Neuigkeit für die vielen Leser, die sich unter Papageien immer nur große, fremdartige Krummschnäbel vorstellen können und nicht glauben wollen, daß unsere niedlichen, altvertrauten Wellensittiche ebenfalls zu den Papageien gehören. Doch es stimmt: Der Wellensittich ist tatsächlich ein echter Papageienvogel – und nicht einmal der kleinste! Da er jedoch zugleich der bekannteste und populärste Käfigvogel der Welt ist, steht er zu Recht im Vordergrund und wird seiner Sonderstellung entsprechend am ausführlichsten behandelt.

Aber seine Verwandtschaft, eben die weitverzweigte und vielgestaltige Gruppe der Papageien, hat noch zahlreiche andere Vertreter hervorgebracht, die sich als Heimvögel besonders gut eignen und teilweise schon sehr viel länger in der Obhut des Menschen leben. In letzter Zeit erfreut sich die Haltung dieser anderen Papageien offensichtlich wachsender Beliebtheit, was sicherlich damit zusammenhängt, daß Papageien aller Art neuerdings häufiger angeboten werden als noch vor einigen Jahren. Die vielen Liebhaber der herrlichen exotischen Vögel werden es deshalb gewiß begrüßen, wenn sie im folgenden alles Wissenswerte über ihre gefiederten Hausgenossen erfahren.

Das vorliegende Buch erfüllt vor allem eine praktische Aufgabe: Es stellt nach einer kurzen Einführung die wichtigsten und empfehlenswertesten Papageienarten, vom Wellensittich bis zu den Loris, im einzelnen vor und gibt abschließend allerlei nützliche Ratschläge, die für den (angehenden) Vogelhalter von grundsätzlichem Interesse sind. Doch über den praktischen Zweck hinaus, möchte es den Wellensittichen und den Papageien allgemein neue, verantwortungsbewußte Freunde gewinnen.

Ein Blick in die Vergangenheit

Die Beziehung des Menschen zu den Gefiederten hat eine lange Geschichte, ja sie läßt sich zurückverfolgen bis in eine graue Vorzeit, als es noch gar keine »Geschichte« gab. Bereits in den Höhlen der Eiszeitmenschen tauchen meisterhafte Vogeldarstellungen auf, die bezeugen, daß der Mensch seine federtragenden Mitgeschöpfe beachtet und geachtet, vielleicht sogar auf seine Weise geliebt hat.

Doch bekanntlich geht die Liebe zunächst immer durch den Magen. Die Tiere, auch die Vögel, waren Jagdobjekte; sie wurden getötet und anschließend verspeist. Aber vielleicht hat doch einmal einer unserer Vorfahren darauf verzichtet, ein Wildtauben- oder Starenkind, das aus dem elterlichen Nest gefallen war, kurzerhand aufzuessen. Vielleicht hat er es behutsam in der hohlen Hand heimgetragen und mit Mehlbrei, Samenkörnern und Würmern großgezogen. Und schließlich stellte sich heraus, daß der Umgang mit einem so anhänglichen Federvieh eigentlich viel mehr Freude macht als ein einmaliger Leckerbissen.

So oder ähnlich hat es wohl irgendwann vor Jahrtausenden einmal angefangen; denn überall, wo Menschen mit offenen Sinnen und zärtlichem Herzen lebten, hat man die bunten Vogelkleider und den schwerelosen Vogelflug bewundert, dem Gesang der Gefiederten gelauscht und ihre kunstvollen Nester bestaunt.

Noch etwas anderes kommt hinzu: das »überirdische« Wesen der Vögel, ihr Schweben über der Erde. Der Mensch kann zwar laufen, kriechen, springen, klettern, schwimmen und sonst noch mancherlei, aber fliegen wie ein Vogel, nein, das kann er nicht. Das Fliegen aus eigener Kraft unterscheidet den Vogel von den anderen Lebewesen, die an der Erde kleben. Darin liegt sein Geheimnis, das sich leicht zum Mythos umgestalten ließ. Die

Vögel sind Bewohner höherer Sphären, losgelöst von aller Erdenschwere, und sie galten deshalb als Mittler zwischen Himmel und Erde, als Jenseitsboten. Kein Wunder, daß man die Beherrscher der Luft den Göttern weihte, in deren Gefilden sie sich leicht und anmutig tummelten, und sie zu Sinnbildern erhob, die bis heute lebendig geblieben sind.
Doch hinter dem Schleier aus Mythen und Sagen erkennen wir den Menschen, der nicht anders als wir die Gefiederten liebt und sich gerne mit ihnen umgibt – nicht um sie zu verspeisen oder als fremde Idole scheu zu verehren, sondern um sich an ihnen zu erfreuen. Aus Mesopotamien und vom Nil kommt uns erstmalig diese Kunde, und im alten Griechenland war die Vogelliebhaberei schon fast etwas Alltägliches. Politiker und Gelehrte, Dichter und Hetären, aber sicherlich auch Menschen wie du und ich widmeten sich diesem edlen Zeitvertreib. Denn dieser Satz steht fest: Wo Kultur ist, da hegt und pflegt man die Vögel.

Zur Zeit der alten Griechen hielten dann auch die Papageien zum erstenmal ihren Einzug ins Abendland. Der große Alexander und seine Soldaten hatten auf ihrem Eroberungszug nach Indien die Krummschnäbel als gezähmte Hausgenossen kennengelernt und brachten die ersten Exemplare heim nach Griechenland. Das war im vierten vorchristlichen Jahrhundert.
Doch erst in den nachfolgenden Jahrhunderten, zumal in der römischen Kaiserzeit, wurden Papageien regelmäßig aus Asien nach Europa eingeführt. Der Umgang mit den anhänglichen und gelehrigen Vögeln entwickelte sich in der feinen und etwas dekadenten römischen Gesellschaft zu einer regelrechten Mode, die der strenge Sittenrichter Cato heftig beklagte: »O unglückliches Rom, in was für Zeiten bist du geraten, da selbst die Männer Papageien auf der Hand tragen!«
Papageien waren teurer als Sklaven und lebten in kostbaren Käfigen aus Elfenbein und edlen Metallen. Viel törichter Snobismus war hier im Spiel, aber bestimmt auch viel echte Liebe. Das ist unverkennbar, wenn wir die herrlichen Lieder lesen, die große römische Dichter auf den Tod ihrer Lieblinge geschrieben haben. »Tot ist mein Papagei, der Plauderer von Indiens Küste«, klagte der berühmte Ovid, und sein jüngerer Kollege Statius aus Neapel hat uns vor fast 2000 Jahren eine Papageienelegie

hinterlassen, aus der ich wenigstens ein paar Zeilen zitieren möchte, um zu zeigen, was ein solcher Vogel einem Menschen bedeuten kann:

»Armer Sittich, du Herzog der Vögel, dem Herrn zum
Vergnügen
Lustig schwatzend und klug nachahmend die menschliche Stimme,
Wer verschloß durch den Tod so plötzlich dein munteres
Plaudern?
Solltest sterben so bald und gingst noch in unsrer Gesellschaft
Gestern zum Mahle, verzehrtest willkommene Gaben des Tisches,
Spät um Mitternacht sah'n wir dich schreiten über die Polster;
Worte, die eingeübt, doch auch solche, die selber dein Sinn dir
Eingab, sprachst du zu uns. Nun hält dich, lieblicher Redner,
Ewiges Schweigen. Die Sage des Volks vom Vogel Apollos
Sinkt an Ruhm: Nicht bloß die Schwäne besingen ihr Ende.
O wie glänzt deines Bauers Dach von rötlichem Golde,
Und auf dem Elfenbeingrund erhebt sich ein silbernes Gitter.
Oft von des Schnabels Spitze tönte knisternd die Schwelle,
Heftig pochtest du gegen die Tür: Dein schreiendes Schelten
Ist auf immer verstummt, denn leer ist der herrliche Käfig ...«

Warum wir die Krummschnäbel lieben

Die Verse, die wir soeben gelesen haben, sind ein Zeugnis früher Papageienliebe, und sie verraten uns auch, warum gerade Papageien, die »Herzöge der Vögel«, sich bei den Menschen von alters her so großer Beliebtheit erfreuen. Es ist nicht unbedingt ihre Schönheit, die hier gerühmt wird, sondern vielmehr ihre Anhänglichkeit, ihre Intelligenz, ihre Munterkeit und Drolligkeit und nicht zuletzt ihre »Sprachbegabung«.
Damit hätten wir schon nahezu alle guten Eigenschaften beisammen, um derentwillen die Papageien von allen Gefiederten den ersten Platz in der Gunst der Menschen einnehmen (was sich übrigens auch statistisch nachweisen läßt). Doch mindestens zwei Vorzüge, welche die Krummschnäbel den meisten anderen Heimvögeln voraushaben, müssen noch hinzugefügt werden: ihre Anspruchslosigkeit und Langlebigkeit.
Papageien sind, von einigen wenigen Ausnahmen abgesehen, leicht zu ernähren; denn sie begnügen sich mit pflanzlicher Kost, die jederzeit für wenig Geld zu beschaffen ist. Diese Art der Ernährung hat wiederum die angenehme Folge, daß die Ausscheidungen sich selbst bei größeren Arten in Grenzen halten und auch eine empfindliche Menschennase kaum zu beleidigen vermögen – ein Umstand, den jeder zu schätzen weiß, der einmal mit insektenfressenden Vögeln zu tun hatte.
Und was die Langlebigkeit angeht, so ist sie ja bei den Krummschnäbeln schon fast sprichwörtlich. Ein Papagei ist eine Anschaffung fürs Leben, manchmal sogar für zwei oder drei Generationen. Das gilt vor allem für die großen Aras und Kakadus, die in Einzelfällen hundert Jahre alt werden können. Auch Amazonen, Graupapageien und andere größere Arten erreichen ein stattliches Alter von 50 bis 80 Jahren, und selbst ein

kleiner Wellensittich bringt es auf 15 und mehr Jahre. Die Lebensdauer scheint also weitgehend von der Körpergröße abhängig zu sein.

Das hohe Alter der meisten Papageienvögel muß dem angehenden Vogelhalter zu denken geben – aus zweierlei Gründen: Er sollte sich erstens vor dem Erwerb eines Wellensittichs und erst recht eines größeren Papageien gründlich prüfen, ob er tatsächlich bereit ist, viele Jahre lang die Wohnung mit einem solchen Hausgenossen zu teilen, der regelmäßig betreut werden will und den man nicht einfach »abschaffen« kann. Denn ein in die Jahre gekommener Papagei ist kein altes Möbelstück, das man auf den Sperrmüll werfen kann, sondern ein besonders gescheites und geselliges lebendes Wesen, das sich eng an seinen Besitzer angeschlossen hat und auf seine alten Tage eine Verpflanzung nur schwer überwindet. Der Kauf eines Papageien ist fast so etwas wie eine Eheschließung: eine »Scheidung« ist zwar möglich und manchmal vielleicht sogar unumgänglich, aber sie darf nicht schon von vornherein einkalkuliert werden!

Der zweite Grund: Papageien haben, wie alle »langlebigen Luxusgüter«, ihren Preis. Einen Wellensittich kann sich wohl jeder leisten, aber alle anderen Vertreter der Papageiensippschaft sind erheblich teurer. Für manche ausgefallenen Exemplare muß man einen oder gar mehrere Tausendmarkscheine hinlegen. Natürlich schwanken die Preise sehr nach Alter, Zahmheitsgrad, Geschlecht usw., und auch zwischen den einzelnen Händlern und Züchtern kann man oft beträchtliche Preisunterschiede feststellen. Es gibt ja für lebende Tiere keine Festpreise, allenfalls sehr unverbindliche Richtpreise, bei denen ein unvorbereiteter Käufer sein blaues Wunder erleben kann.

Wenn wir schon einmal beim Geld sind, ohne das man heutzutage leider kaum noch ein Hobby betreiben kann: Man darf neben dem Anschaffungspreis des Vogels auch die Kosten für seine Erstausstattung und seinen Unterhalt nicht vergessen. Papageienkäfige sind nicht gerade billig, Freivolieren noch weniger, und die laufenden Kosten für Futter, diverse Leckerbissen, Vogelsand usw. summieren sich gleichfalls im Lauf der Jahre. Einige Mark muß man für seinen gefiederten Hausfreund schon in den Monatsetat einplanen.

Doch am Geldbeutel soll unsere Papageienliebe gewiß nicht

scheitern. Wenn wir die Freude, die ein Krummschnabel verbreitet, gegen die finanziellen Belastungen aufrechnen, erscheinen letztere minimal. Man braucht die Liebe und den Aufwand ja nicht gleich so maßlos zu übertreiben wie jener spleenige Engländer, über den ich neulich einen Bericht in der Zeitung las: Als sein geliebter Papagei, der auf den prächtigen Namen »Seine Allergnädigste Majestät Lord Grimsby von Katmandu« hörte, dahingeschieden war, bahrte er ihn drei Wochen lang auf seidenen Kissen zwischen Palmenzweigen und brennenden Silberleuchtern auf. Der tote Vogel trug einen Brillantring am Schnabel und ein goldenes Krönchen auf dem Haupt, und sein Lager war mit tausend Nelken geschmückt. 1500 Pfund, also rund 10 000 Mark, soll das prunkvolle Leichenbegängnis gekostet haben!

Auch wenn wir uns nicht zu solchen Überspanntheiten hinreißen lassen wollen, so weiß man doch von vornherein nie, wohin die Liebe zu den Krummschnäbeln am Ende führen wird, denn die Papageien sind die wahren Herzensbrecher in der Vogelwelt, weil sie mehr als andere Vögel die Gabe besitzen, ein inniges, ja »persönliches« Verhältnis zum Menschen herzustellen.

»Aber haben sie denn gar keine Fehler?« wird jetzt mancher Skeptiker fragen, dem soviel Vollkommenheit verdächtig vorkommt. Doch, sie haben zumindest einen: eine unüberhörbare Schwäche fürs Krachschlagen. Das trifft zwar nicht auf alle Arten zu, aber auf die meisten, und die Phonstärke ist nicht unbedingt eine Funktion der Körpergröße. Es gibt große Papageien, die sich recht still und manierlich verhalten, und kleine, die ganz harmlos aussehen und dennoch zuzeiten einen ohrenbetäubenden Lärm vollführen. Auf diese naturgegebene und deshalb kaum beeinflußbare »Untugend« werde ich in den Artbeschreibungen jeweils kurz eingehen, weil sie für den angehenden Papageienhalter von kaufentscheidender Bedeutung sein kann. Soviel sei jedoch schon hier gesagt: Man hüte sich davor, die Lautstärke gewisser Papageien zu unter- oder die Duldsamkeit der meisten Wohnungsnachbarn zu überschätzen!

Der Wellensittich und seine Verwandten

Wir haben uns bis jetzt ganz allgemein mit den Papageien beschäftigt und mit der Rolle, die sie im Leben der Menschen spielen und gespielt haben, ohne eigentlich zu wissen, was ein Papagei überhaupt ist. Doch ich meine, man sollte wenigstens ein paar zoologische Grundtatsachen kennen, ehe man sich ein exotisches Tier ins Haus holt. Dieses Wissen ist nicht Selbstzweck, sondern Mittel zum Zweck, denn es hilft uns, unseren künftigen Hausgenossen besser zu verstehen. Nur wer einen gewissen Überblick besitzt, vermag die körperlichen Merkmale, das Verhalten und die Lebensansprüche des einzelnen Vogels in einen größeren Zusammenhang einzuordnen.

Die Papageien machen uns die Sache verhältnismäßig leicht. Trotz der scheinbar verwirrenden Vielfalt der Formen, Größen und Farben gehören sie allesamt eng zusammen und bilden innerhalb der zoologischen »Klasse« der Vögel eine recht einheitliche Gruppe, die der Fachmann als »Familie« bezeichnet. Die Familie der Papageien wird in sechs oder sieben Unterfamilien eingeteilt, die sich wiederum aus 80 Gattungen mit mehr als 300 einzelnen Arten zusammensetzen. Von diesen wissenschaftlichen Kategorien interessiert uns vor allem eine: die *Art.* Das ist die Grundeinheit der belebten Natur, und in ihr werden sämtliche Lebewesen zusammengefaßt, die in ihrem Aussehen und Benehmen weitestgehend übereinstimmen und untereinander unbeschränkt fortpflanzungsfähig sind. Alle Wellensittiche der Welt sind Vertreter einer einzigen Art, auch wenn sie sich auf den ersten Blick durch ihre bunte Gefiederfärbung noch so sehr unterscheiden. (Die bunten Farben gehören übrigens nicht zum »Wesen« dieser Vögel, sondern sind vom Menschen künstlich herausgezüchtet worden – in der Natur sind alle Wellensittiche grünlich-gelb.) Entscheidend ist eben, daß jedes Wellensittichmännchen mit jedem Wellensittichweibchen fruchtbaren Nachwuchs hervorbringen kann – zumindest theoretisch. Mit einem Nymphensittich könnte ein Wellensittich niemals eine solche Ehe eingehen, obwohl sich die Vögel in Größe und Lebensgewohnheiten ähneln und in derselben Region, nämlich Australien, zusammen leben. Der Nymphensittich gehört demnach einer anderen Art an.

Jede Art trägt seit den Tagen des Schweden Carl von Linné (1707–1778) einen wissenschaftlichen Doppelnamen, der aus dem Lateinischen bzw. Griechischen stammt. In den nachfolgenden Artbeschreibungen sind diese Doppelnamen stets angegeben, denn nur sie ermöglichen die eindeutige Identifizierung einer Art. Die volkstümlichen deutschen Namen sind dagegen nicht immer ganz zuverlässig und werden von den einzelnen Autoren nicht einheitlich verwendet. Ein Beispiel: Wenn ich in einem Buch den Namen »Bourkesittich« und in einem anderen den Namen »Rosenbrustsittich« finde, kann ich beim besten Willen nicht wissen, daß es sich um ein und denselben Vogel handelt. Erst die wissenschaftliche Bezeichnung Neopsephotus bourkii schafft hier Klarheit.

Doch kehren wir noch für einen Augenblick zur Papageienfamilie zurück, um an ihr die Gemeinsamkeiten aller Familienmitglieder darzustellen. Natürlich besitzt sie ebenfalls einen wissenschaftlichen Familiennamen. Er lautet Psittacidae und kommt von dem griechischen Wort »psittakos«, das sich wiederum vom Namen eines Philosophen herleiten soll – ein Beweis für die hohe Wertschätzung, die diesen intelligenten Vögeln im alten Griechenland entgegengebracht wurde. Von »psittakos« erhielten die Sittiche später ihren Namen, während der umfassendere deutsche Begriff Papageien schlicht »Plapperer« bedeutet. Die Sittiche stellen heute eine nicht genau umrissene Unterabteilung der Papageienfamilie dar. In der Umgangssprache und im Tierhandel bezeichnet man die langschwänzigen Vögel als Sittiche, die kurzschwänzigen als Papageien. Diese Einteilung hat keinen großen wissenschaftlichen Wert, denn, wie gesagt, Papageien sind sie alle.

Die Zoologen übersetzen den Familiennamen Psittacidae mit »Handfüßler«, und damit ist bereits das erste wesentliche Merkmal angedeutet, das alle Papageienvögel, vom kleinen Wellensittich bis zum großen Ara, gemeinsam haben: Sie verfügen über handartige Greiffüße mit einem nach vorn und einem nach hinten gerichteten Zehenpaar, die ihnen beim Klettern im Geäst und vielfach auch beim Festhalten der Nahrung sehr zustatten kommen. Wer einmal im Zoo beobachtet hat, wie ein Ara eine Erdnuß mit seinem »Handfuß« packt und geschickt zum Schnabel führt, weiß, was ich meine.

Ein zweites unverkennbares Sippenmerkmal ist der typische »Papageienschnabel«, der in dieser Form nur bei den Psittacidae vorkommt. Er besteht aus einem großen hakenförmig gebogenen Oberschnabel und einem kleineren Unterschnabel und ist ein ideales Werkzeug für die Zerkleinerung hartschaliger Nahrung. Aber er erfüllt auch noch einen anderen Zweck: Mit ihrem als Greiforgan ausgebildeten kräftigen Krummschnabel können die Papageien regelrechte Klimmzüge in den Zweigen und an den Käfigstangen machen. Diesen raffinierten Kletterstil macht ihnen in der gesamten Vogelwelt sonst niemand nach.

Auch in ihrer Lebensweise stimmen die Papageien auffallend überein. Sie sind ausgesprochen gesellig, ernähren sich fast ausschließlich vegetarisch, sind ebenso gute Flieger wie Kletterer und bewohnen, von wenigen Ausnahmen abgesehen, die warmen tropischen Zonen Australiens, Asiens, Afrikas und Amerikas. Diese weite Verbreitung über fast alle Kontinente erklärt die Mannigfaltigkeit der Formen, die diese ansonsten so einheitliche Vogelfamilie hervorgebracht hat.

Was ergibt sich nun für uns Vogelhalter aus diesem kurzgefaßten Steckbrief der Familie Papageien?

1. Papageien sind zum allergrößten Teil Tropenkinder, welche die Wärme und die Sonne lieben. Doch zum Glück sind viele Arten so anpassungsfähig, daß sie sich auch mit unserem gemäßigten Klima abfinden, ohne Schaden zu nehmen. Das gilt vornehmlich für die Vögel, die aus heimischen Zuchten stammen.
2. Papageien verlangen eine reichhaltige und abwechslungsreiche pflanzliche Ernährung, die ihrer Natur entspricht. Zum Glück gibt es in Zoogeschäften, Kaufhäusern und vielen Lebensmittelläden gute abgepackte Futtermischungen zu kaufen, die sich als Standardnahrung seit langem bewährt haben.
3. Papageien brauchen Gesellschaft, um sich auf die Dauer wohl

Tafel I. Wellensittiche betrachten sich gern im Spiegel. Doch man sollte einen solchen Spiegel nicht zu einer ständigen Einrichtung des Vogelheims machen; denn das Spiegelbild, in dem der Sittich einen Geschlechtspartner oder Rivalen erblickt, kann auf die Dauer zu einer »seelischen Belastung« werden.

Tafel II. Ein normalfarbiges Nymphensittichpaar. Das auffälliger gefärbte Männchen sitzt rechts.

zu fühlen. Mit anderen Worten: Man sollte sie nach Möglichkeit paarweise oder zu mehreren pflegen. Da diese Idealforderung aus finanziellen oder Platzgründen meist nicht zu erfüllen ist, muß man für Ersatz sorgen. Ersatzpartner kann auch ein Mensch sein, der sich soviel wie möglich mit seinem gefiederten Hausfreund beschäftigt. Einzeln gehaltene Papageien kümmern oft dahin, wenn ihnen die richtige »Ansprache« fehlt.

4. Papageien haben Anspruch auf eine ihnen gemäße Unterkunft, in der sie ihren Schnabel, ihre Kletterfüße und ihre Flügel ausreichend betätigen können (siehe Seite 87ff.).

Ist Käfighaltung Tierquälerei?

Aber, so wird jetzt mancher Tierfreund mit einigem Recht fragen, ist es keine entsetzliche Tierquälerei, Vögel einfach einzusperren? Sind nicht Tiere hinter Käfiggittern bedauernswerte Gefangene?

Wer so fragt, neigt dazu, die Tiere zu vermenschlichen. Ein eingesperrtes Tier ist gewiß aus unserer Sicht ein Gefangener, aber ist es deshalb notwendigerweise auch bedauernswert? Ich glaube nicht. Tiere sind nun einmal keine Menschen, sondern Lebewesen ganz anderer Art. Wir Menschen empfinden Gitter und Käfige als Symbole der Unfreiheit und Unterdrückung, doch die Tiere wollen nichts weiter als »tierwürdig« leben: gut essen, sorgenfrei schlafen, vor Feinden geschützt sein und sich hin und wieder auf unkomplizierte Weise ein wenig lieben. Das alles bietet ihnen die sogenannte Gefangenschaft bei Menschen, die es wirklich gut mit ihnen meinen.

Im übrigen darf man nicht glauben, daß das Leben in der vielgepriesenen Freiheit für die Tiere eitel Zuckerschlecken sei. Spätestens seit Charles Darwin wissen wir, daß der »Kampf ums Dasein« hart ist, auch bei den scheinbar so lebenslustigen Vögeln. Denn was uns in der Vogelwelt als Ausdruck schierer Lebensfreude erscheint, hat in Wahrheit oft ganz andere und weniger lustige Ursachen, wie uns jeder Verhaltensforscher bestätigen kann. Die alltägliche Plackerei der Nahrungssuche, der Ärger mit Nachbarn und Rivalen, die einem Vogel das bißchen Lebensraum streitig machen wollen, das mühsame Geschäft der Jungenaufzucht, die zahllosen Feinde, die ihn von allen Seiten bedrohen, die heimtückischen Krankheiten, gegen die es in freier Wildbahn keine Medizin gibt – ja, es ist wahrlich nicht leicht, ein Vogel zu sein!

Da haben es die Gefiederten in der Gefangenschaft oder vielmehr in der Obhut eines liebevollen Menschen doch bedeutend besser: Jeden Tag ist der Napf wohlgefüllt, kein böser Feind kann sich heimlich nähern, und sogar spezielle Medikamente und Heilbehandlungen für kranke Vögel haben die Menschen erfunden. Kein Wunder, daß Heimvögel im Durchschnitt ein weit höheres Alter erreichen als Wildvögel. Das ist wissenschaftlich erwiesen und folglich ein unwiderlegliches Argument für die (sachgerechte) Vogelhaltung.

Ein Mensch, der ein wenig Gespür für seine tierischen Mitgeschöpfe hat, wird sogleich erkennen, ob ein Vogel sich wohl oder unwohl in seinem Federkleid fühlt. Beständige Gesundheit, Munterkeit, guter Appetit, Bewegungsfreude, glattes Gefieder und blanke Augen zeigen an, daß das Tier mit seinem Schicksal vollauf zufrieden ist. Einen noch zuverlässigeren Beweis für allgemeines Wohlbefinden liefert die Fortpflanzung: Vögel, die im Käfig oder in der Voliere brüten und Nachwuchs aufziehen, vermissen die »goldene Freiheit« bestimmt nicht. Anders ausgedrückt: Ein Bruterfolg ist stets ein sicheres Indiz dafür, daß den betreffenden Vögeln nicht das geringste fehlt!

Übrigens, die meisten Papageien, die in unseren Wohnungen leben, wissen gar nicht, was diese »goldene Freiheit« ist, aus dem einfachen Grunde, weil sie und ihre Eltern und Großeltern bereits in einem Käfig das Licht der Welt erblickt haben und ganz und gar an ein Leben im Umkreis des Menschen gewöhnt sind. Sie würden wahrscheinlich elend zugrunde gehen, wenn man sie aus falsch verstandener Tierliebe in die Freiheit entließe. Das gilt in jedem Fall für alle unsere Wellensittiche. Ein entflogener Wellensittich ist über kurz oder lang dem Tod geweiht, wenn er nicht wieder bei Menschen Zuflucht findet.

Aus alledem ergibt sich, daß ein vernünftiger Mensch gegen die Haltung von Vögeln im allgemeinen und von Papageien im besonderen nichts einwenden kann, vorausgesetzt, daß die uns anvertrauten Tiere ihren Lebensbedürfnissen entsprechend untergebracht und betreut werden. Was zu diesen Lebensbedürfnissen gehört, will ich zum Schluß noch einmal kurz zusammenfassen und unterstreichen, weil es wichtiger ist als alles andere, was in diesem Buch steht: eine geräumige Behausung, Sauberkeit, gutes Futter und viel Ansprache.

Die Papageienarten

Der Wellensittich

Man könnte lange darüber streiten, wer der beliebteste Stubenvogel der Welt ist. Aber seitdem die Liebe, auch die Vogelliebe, statistisch erfaßt wird, sollte der Streit eigentlich entschieden sein. Es steht fest, daß der Wellensittich von allen Gefiederten am häufigsten in den Käfigen und Volieren der Vogelfreunde anzutreffen ist. Seine Zahl geht in die Millionen (schon vor Jahren schätzte man den Weltbestand auf 50 000 000), und sein Bekanntheitsgrad ist somit so groß, daß sich eine förmliche Vorstellung erübrigen dürfte. Es gibt wohl kaum einen Menschen und sicherlich keinen Leser dieses Buches, der noch nie einen Wellensittich gesehen hätte und nicht ziemlich genau wüßte, wie er aussieht. Wenn ich trotzdem eine Zeichnung dieses allbekannten Vogels hierhersetze, so möchte ich damit nur die Aufmerksamkeit auf die einzelnen Körperpartien und ihre fachmännischen Benennungen hinweisen. Diese Fachausdrücke werden wir später noch öfters brauchen, wenn es darum geht, bestimmte körperliche Merkmale und die Verteilung der Gefiederfarben bei unseren Papageien möglichst exakt zu beschreiben. Selbstverständlich treffen die beim Wellensittich verwendeten Bezeichnungen auch auf alle anderen Vögel zu.

Die Wellensittich-Story

Der Wellensittich ist in wenigen Jahrzehnten zu einem »Massenprodukt« geworden, das man überall und jederzeit für wenig Geld kaufen kann. Das ist insofern schade, als viele Leute sich kaum noch die Zeit nehmen, eine so alltägliche Erscheinung genauer zu betrachten. Sie merken gar nicht, wie bildschön ein gesunder, gutgewachsener Wellensittich sein kann.

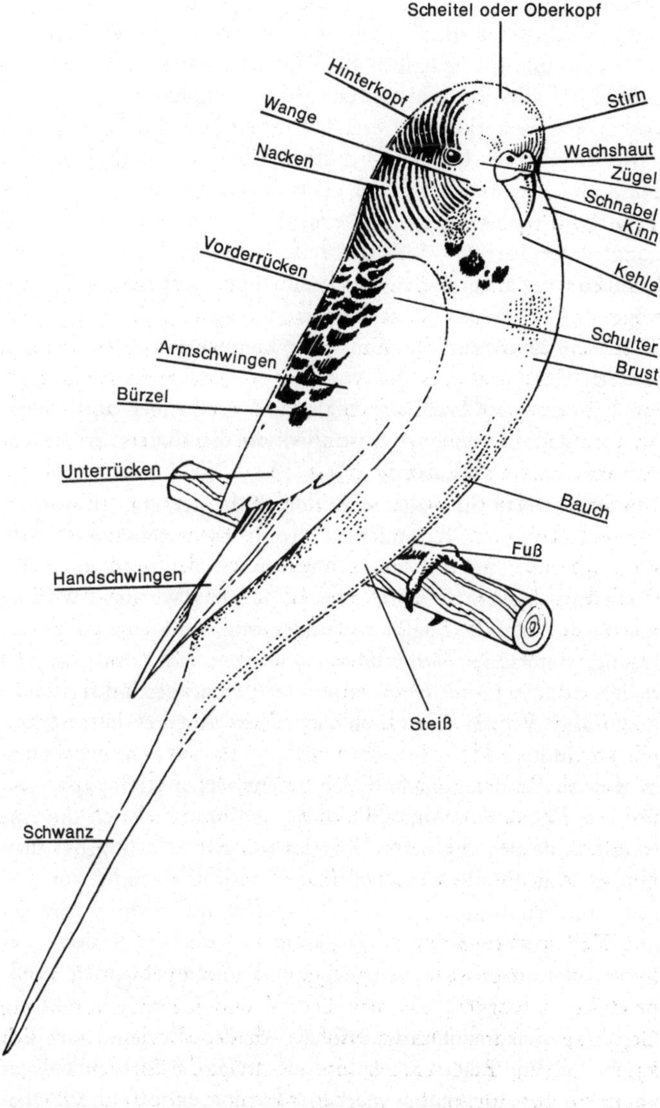

Die Körper- und Gefiederpartien eines Wellensittichs.

Ja, man sollte einmal ein paar Minuten vor dem Laden eines Zoohändlers verweilen, der einen großen Käfig mit den verschiedensten Wellensittichen im Schaufenster stehen hat. Das ist doch wirklich ein entzückendes lebendes Bild, an dem wir bislang stets mit einem halben Blick vorbeigehastet sind. Doch so geht es uns allen heutzutage: Die kleinen Schönheiten am Rande des Lebens bemerken wir erst, wenn wir mit der Nase draufgestoßen werden. Und dann drücken wir auf einmal eben diese Nase an einer Fensterscheibe platt, hinter der ein paar Allerweltsvögel umherflattern. Allerweltsvögel? Nur keine Beleidigung! Hier herrscht doch die reizendste Mannigfaltigkeit im scheinbar Gleichförmigen. Man muß nur Augen haben, es zu sehen.

In diesem Zusammenhang ein paar kurze Daten zum Wellensittich:

1840 brachte der berühmte englische Vogelkenner und -maler Sir John Gould von einer Australienreise die allerersten Wellensittichpärchen nach Europa.

Der ehrenwerte Sir John war indes nicht der erste Europäer, der sich von den reizenden Wellensittichen gefangennehmen ließ, um sie dann aus lauter Liebe selber gefangenzunehmen. Diese Ehre gebührt einem gewissen Thomas Watling. Watling war zwar ebenfalls Engländer, talentierter Zeichner und Vogelfreund, unterschied sich jedoch im übrigen recht drastisch von seinem adligen Landsmann: er wurde 1788 als geschickter Banknotenfälscher nach Australien deportiert. Aber er hatte Glück im Unglück, denn schon im ersten Jahr seiner Verbannung machte er die Bekanntschaft der liebenswerten Kleinpapageien, fing ein paar davon ein, zähmte sie und brachte ihnen die Anfangsgründe der englischen Sprache bei. Als Sträfling hat man ja viel Zeit! Doch Watling hatte offensichtlich nicht nur viel Zeit, sondern auch ein gutes Herz, und nachträglich ist man geneigt, ihm wegen seiner Verdienste um die Begründung der Wellensittichliebhaberei das bißchen Banknotenfälschen großmütig zu verzeihen ...

Als die ersten krummschnäbeligen Vogelkobolde, die von den englischen Entdeckern in Anlehnung an ein Eingeborenenwort »budgerigars« genannt wurden, in Europa eintrafen, erhielten sie zunächst einmal einen schönen wissenschaftlichen Namen:

Melopsittacus undulatus. Dieser Artname setzt sich aus drei Einzelbestandteilen zusammen. Das griechische Wort »melos« bedeutet soviel wie Gesang oder Melodie und bezieht sich – etwas schmeichelhaft – auf den zwitschernden »Gesang« der Vögel; »psittacus« bezeichnet bekanntlich den Sittich oder Papagei, und das lateinische Eigenschaftswort »undulatus« (= gewellt, wellenförmig) verweist auf die charakteristische Wellenzeichnung des Gefieders. Von daher stammt denn auch der etwas merkwürdige deutsche Name »Wellensittich« (Farbtafel I).

Wir können uns heute kaum noch vorstellen, welche Begeisterung die graziösen australischen Sittiche vor mehr als hundert Jahren bei den Vogelfreunden auslösten. Man hatte hier einen Vogel entdeckt, der geradezu ein Ausbund an guten Eigenschaften war und sich als Stubenvogel bestens empfahl: Er war nicht nur bildhübsch, sprechbegabt, anpassungsfähig und anspruchslos, sondern auch leicht zu zähmen und zu züchten. Zu Hunderttausenden wurden Wellensittiche aus dem fernen Australien eingeführt, bis die australische Regierung 1894 den Export endgültig verbot, weil sie die einheimischen Bestände schonen wollte und nicht länger mit ansehen konnte, daß auf der langen Seereise zahllose Tiere zugrunde gingen. Diese Entscheidung war gut und richtig – und überdies waren die europäischen Wellensittichfreunde schon längst nicht mehr auf »Originalimporte« angewiesen, denn mittlerweile hatte man die Vögel in großen Massen nachgezüchtet.

Den ehrgeizigeren Züchtern kam es jedoch nicht so sehr auf die Masse an, sondern vielmehr auf die Qualität, genauer: auf die Farbqualität des Federkleids. Aus der unscheinbaren grünlichgelben Wildform züchteten sie im Laufe der Zeit eine unübersehbare Vielfalt von sogenannten Farbschlägen. Die Gestalt änderte sich dabei kaum, nur ein bißchen größer und stattlicher sind die domestizierten Krummschnäbel geworden, und einige Sonderformen tragen sogar auf dem Kopf eine kleine lustige Federhaube.

Als erste tauchten 1872 die gelben Wellensittiche auf, für die man anfänglich mehrstellige Summen bezahlen mußte. Mit diesem sensationellen Zuchterfolg war der Bann gebrochen. In edlem Wettstreit brachten die Züchter in den letzten hundert Jahren weiße und blaue, grüne und graue, violette und mauve

Zuchtformen hervor, die in allen erdenklichen Farbtönen und -kombinationen schillerten.
Wer heutzutage eine Wellensittich-Zuchtschau besucht oder ein Züchterhandbuch mit Abbildungen der verschiedenen »Standards« durchblättert, wird geblendet von so viel Farbenpracht. Und das Schönste daran ist, daß die gewaltigen Preise inzwischen auf einen Bruchteil zusammengeschmolzen sind. Ausgefallene Farbschläge sind zwar immer noch etwas teurer als »gewöhnliche« Vögel, aber leisten kann sie sich jeder, der Wert auf etwas »Besonderes« legt.

Anschaffung

Die Anschaffung eines Wellensittichs ist eine recht unproblematische Angelegenheit: Man braucht nur in das nächste Zoogeschäft zu gehen und sich aus dem meist umfangreichen Angebot den Vogel auszusuchen, der einem gefällt. Der Händler wird den Auserkorenen mit geübtem Griff aus der aufgeregt flatternden Wellensittichschar herausfangen, die Nummer des Fußrings und die Anschrift des Käufers in sein Nachweisbuch eintragen und den Vogel in eine kleine, mit Luftlöchern versehene Pappschachtel stecken. Nach Entrichtung des Kaufpreises kann der glückliche neue Besitzer die Schachtel, in der es ab und zu ein bißchen rumort, stolz nach Hause tragen.
Ein solcher Kauf läßt sich in ein paar Minuten erledigen. Doch ich möchte dafür plädieren, daß man sich für einen so wichtigen Akt etwas mehr Zeit nimmt. Dafür gibt es mindestens zwei gute Gründe:
1. Lebende Tiere sind grundsätzlich vom Umtausch ausgeschlossen. Das bedeutet, daß wir auf Anhieb den genau richtigen Vogel auswählen müssen. Wir können einen vorschnell gekauften Wellensittich, der uns oder unserer Familie nach einem Tag schon nicht mehr gefällt, nicht wieder ins Geschäft zurücktragen und gegen ein passenderes Exemplar auswechseln. Man sollte sich also die Vögel, die der Zoohändler anzubieten hat, in aller Ruhe ansehen und sich erst dann zum Kauf entschließen, wenn man ein Tierchen entdeckt hat, dessen Geschlecht, Alter, Färbung und Benehmen unseren Vorstellungen und Wünschen vollkommen entspricht. Und wenn wir das Gesuchte nicht finden, versuchen wir unser Glück eben in der nächsten Zoohandlung.

2. Nur wenn wir die zur Auswahl stehenden Vögel eine Zeitlang beobachten, können wir ihren Gesundheitszustand und ihre allgemeine Verfassung beurteilen. Während wir das Angebot inspizieren und dabei einen bestimmten Wellensittich ins Auge fassen, beantworten wir uns im stillen folgende Fragen: Ist unser Auserwählter lebhaft und munter? Frißt er gut, weder überhastet noch apathisch? Fliegt er normal umher? Hat er blanke Äuglein, eine trockene Nase, rosige, glatte Füße, sämtliche Krallen (2 x 4), ein vollständiges, regelmäßig gezeichnetes und farbkräftiges samtiges Gefieder? Auf keinen Fall dürfen wir uns durch einen auffallend »zahmen« Vogel verführen lassen in der Annahme, er werde uns das mühsame Geschäft des Zähmens ersparen. Ein jugendlicher Wellensittich, der bei unserer Annäherung nicht hochflattert oder sich womöglich ohne weiteres greifen läßt, ist in der Regel nicht echt zahm, sondern krank – vielleicht sogar ein potentieller Todeskandidat!

Geschlechtsbestimmung

Wer ganz sichergehen will, daß er einen gesunden Vogel erwirbt, läßt sich das Tier vom Händler vorführen. Ein seriöser Händler, der nichts zu verbergen hat, tut das meist schon von sich aus: Er nimmt den Vogel (Bauch nach oben) in die Hand und pustet leicht gegen das Brustgefieder, so daß darunter die fleischige, rosige Brustpartie sichtbar wird, die ein Zeichen von Gesundheit ist. Wenn der Vogel bei dieser Prozedur den Verkäufer noch kräftig in den Finger zwickt, ist bestimmt alles in Ordnung!

Unser neuer Hausgenosse soll aber nicht nur gesund, sondern auch möglichst jung sein, »nestjung«, wie der Fachmann sagt. Nestjung ist ein Vogelkind, das soeben das elterliche Nest verlassen hat und schon selber für seinen Unterhalt sorgen kann.

Woran erkennt man aber einen nestjungen Wellensittich? Antwort: An der blaßrosa Färbung der Wachshaut (s. Zeichnung auf S. 21), die später beim Weibchen bräunlich und beim Männchen herrlich blau wird. (Blau als Kennzeichen des reifen Mannes – das ist leicht zu behalten!) Doch so lange wollen und können wir natürlich nicht warten. Wir möchten jetzt gleich wissen, ob wir es mit einem Mädchen oder Jungen zu tun haben.

Ein Junge wäre uns schon lieber, weil er sich erfahrungsgemäß leichter zähmen läßt und »sprechbegabter« ist.
»Eine hundertprozentige Geschlechtsgarantie kann ich leider nicht geben«, wird hier der gewissenhafte Fachmann sagen. Wie schwierig die Geschlechtsbestimmung bei Wellensittichen ist, bezeugt eine wahre Anekdote des bekannten Züchters und Fachschriftstellers Albrecht Thiebes, der einmal einer befreundeten Familie einen kleinen Sittichknaben aus eigener Zucht schickte. Als er nach einem Jahr seinen Vogel wiedersah, der mittlerweile allerlei Kunststückchen und Wörter gelernt hatte, dankte ihm die begeisterte Familie dafür, daß sie damals ein Männchen bekommen habe. Ein Weibchen hätte doch so etwas nie lernen können ... Ob der Züchter seine Freunde über die Geschlechtsmerkmale der erwachsenen Wellensittiche aufgeklärt hat, ist nicht überliefert. Er selbst hatte jedenfalls sofort erkannt, daß sein Bub – ein Mädel war! Was erstens beweist, daß Wellensittichweibchen besser sind als ihr Ruf, und zweitens, daß auch der gewiegteste Fachmann nicht unfehlbar ist. Auch er kann sich nur auf die Nase verlassen, und zwar weniger auf seine eigene als auf die der Vögel: das nestjunge Weibchen trägt um die Nasenlöchlein einen unscheinbaren weißen Ring, der dem Männchen fehlt.

Unterbringung, Ernährung, Pflege

Die passende Unterkunft – ein richtiges Wellensittichhaus mit waagerechten Stäben! – können wir gleichzeitig mit dem Vogel erstehen (siehe auch Seite 87ff.). Wo es nur um die Unterbringung eines einzelnen Wellensittichs geht, sind ja keine größeren Vorbereitungen vonnöten: Käfig auspacken, Boden dick mit Sand bestreuen, Näpfe mit Futter und Wasser füllen, Vogel einsetzen – fertig!
Den Vogelsand und das Futter in Form einer guten fertigen Körnermischung haben wir ebenfalls gleich aus unserer Zoohandlung mitgenommen. Man achte darauf, daß der Vogel zunächst das gleiche Futter erhält, das er bisher bekommen hat. Die Umstellung auf eine andere Mischung – es sind ja mehrere bewährte Fabrikate im Handel – sollte stets allmählich erfolgen, indem man nach und nach mehr Anteile der neuen Sorte in die Näpfchen gibt.

Mit einem einfachen und preiswerten Körnergemisch kann man einen Wellensittich zehn, zwölf Jahre oder noch länger gesund und munter erhalten. Selbst sein Wasserbedarf ist gering, denn als Bewohner der trockenen australischen Steppenregionen muß er oft tagelang ohne Flüssigkeit auskommen. Dennoch reichen wir ihm wenigstens alle zwei Tage frisches Trinkwasser und animieren ihn auch zum Baden, am besten mit einer flachen Schale, in die wir ein wenig temperiertes Wasser gießen. Vielleicht haben wir Glück damit! Doch manche Wellensittiche strafen unsere hygienischen Bemühungen mit Verachtung. Da hilft nur eins: Wir nehmen einen Wäschesprüher oder Zerstäuber und benetzen damit hin und wieder unseren kleinen badescheuen Freund. Das gefällt ihm garantiert, und hinterher putzt und strählt er hingebungsvoll sein schönes Samtgefieder, bis es wieder wie neu aussieht. Hat der Vogel aber gleich unser Wasserschälchen als Badegelegenheit akzeptiert, können wir ihm ein richtiges Vogelbad besorgen, das entweder auf den Käfigboden gestellt oder in die Käfigtür gehängt wird.

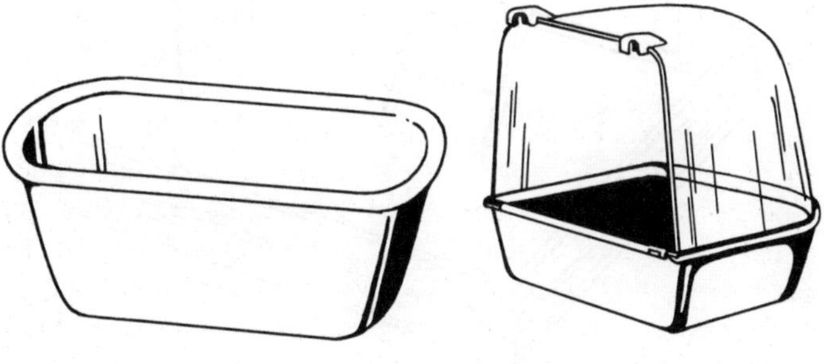

Was braucht unser Wellensittich sonst noch? Auf jeden Fall eine Sepiaschale oder einen Kalkstein zum Beknabbern und regelmäßig die sehr begehrte Kolbenhirse, ein Leckerbissen für die meisten körnerfressenden Vögel. Außerdem ab und zu ein Apfel- oder Möhrenstückchen und ein Blättchen Löwenzahn oder Salat (von letzterem nicht zuviel, sonst gibt's Durchfall). Diese bescheidenen Gaben reichen bereits für sein leibliches Wohl.

Spielzeug

Aber jeder Vogel, und erst recht ein Papageienvogel, hat auch ein Innenleben, das ebensowenig vernachlässigt werden darf. Am besten wäre es natürlich, wenn man Wellensittiche immer nur zu zweien oder zu mehreren hielte. Es gibt Vogelfreunde, die jede Einzelhaltung rundweg ablehnen. Doch so rigoros wollen wir nicht sein, zumal wir wissen, daß paar- oder gruppen-

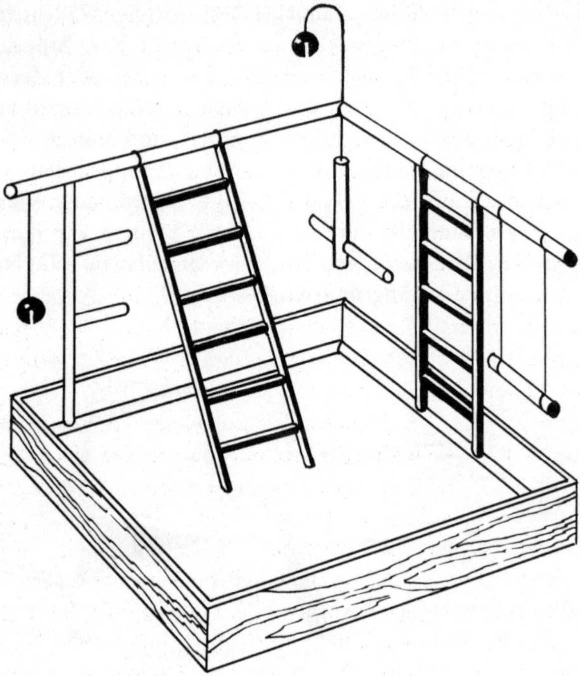

weise gehaltene Vögel nie so richtig zahm und zutraulich werden, weil sie aneinander Genüge finden und für den erwünschten Familienanschluß nicht mehr viel übrig haben. Aber wenn wir schon einen einzelnen Wellensittich besitzen, müssen wir uns sehr viel mit ihm beschäftigen, damit er nicht verkümmert.

Da wir jedoch leider auch noch etwas anderes zu tun haben, als uns den ganzen Tag mit unserem Krummschnabel zu beschäftigen, sorgen wir dafür, daß er sich auf andere Weise die Langeweile vertreiben kann, etwa mit geeignetem Spielzeug. Neuerdings gibt es regelrechte »Wellensittichspielanlagen« zu kaufen, die aus einem künstlichen Kletterbäumchen, einer Schaukel oder Wippe, Leitern, Schellen usw. bestehen und die wir, etwa auf der Fensterbank, aufstellen können (selbstverständlich bei geschlossenen Fenstern und Türen).

Für bescheidenere Ansprüche genügt freilich auch kleineres Spielgerät, das wir im Käfig selber unterbringen: ein Glöckchen, eine hölzerne Leiter, bunte Plastikkugeln und -ringe oder ein lustiges Stehaufmännchen. Stundenlang kann sich unser gefiederter Freund mit diesen Dingen beschäftigen – wie ein Baby mit seinen Bauklötzchen. Er schubst das Stehaufmännchen und wundert sich sehr, daß es nicht umfallen will, was ihn zu neuen Schnabelattacken anfeuert, er schüttelt das Glöckchen und zeigt an den Leitersprossen seine akrobatischen Fähigkeiten. Vor den kleinen Spiegeln, die überall als Vogelspielzeug angeboten werden, sei jedoch gewarnt. Auf keinen Fall sollten sie zu einer ständigen Einrichtung des Vogelheims werden, denn sein eigenes Spiegelbild vermag den Vogel in solche Aufregung, ja Rage zu versetzen, daß auf die Dauer sein inneres Gleichgewicht und Wohlbefinden darunter leiden.

Wie gesagt, alle diese Spielgeräte aus Holz, Kunststoff oder Metall sind in Wellensittichaugen nur Ersatz für einen Spielgefährten aus Fleisch und Blut, für einen Artgenossen oder für einen großen Zweibeiner, der als Kletterbaum unübertroffen ist, der sich bereitwillig in die Nase und anderswohin kneifen läßt, dessen Finger man als Schwebebalken benutzen und dem man die schönsten Liebeserklärungen ins Ohr wispern kann.

Wellensittiche sind, wie alle Papageien, richtige kleine Persönlichkeiten. Individualität und Originalität sind bei ihnen stärker ausgeprägt als bei den meisten anderen Vögeln. So gibt es auch unter den Wellensittichen zärtlich-verspielte Naturen und notorische Grantler, Lausbuben und Dandys, Phlegmatiker und Heißsporne. Bei so viel Temperamentsverteilung ist es nicht weiter verwunderlich, daß sie sich in unserer Gesellschaft ganz wie zu Hause fühlen. Ich weiß von Wellensittichen, die liebend gern Eisenbahn fahren (Spielzeugeisenbahn natürlich), mit Plastikkugeln Fußball spielen, sich unermüdlich als Gärtner im Topfpflanzenpark betätigen (meistens leider destruktiv) und überhaupt in aller Freiheit und Selbstverständlichkeit am Leben der Familie teilnehmen.

Apropos Freiheit: Daß der Wellensittich mit Vorliebe die kostbarste Zimmerpflanze beknabbert, nehmen wir nicht weiter tragisch, solange diese nicht giftig ist. Schlimmer wird es schon, wenn er Möbelkanten, Polstersessel und Bücherrücken abraspelt oder die Vorhänge mit feinster Locharbeit verziert. Doch auch dagegen hilft eine kleine Dosis Humor. Humor hat, wer sich nicht über das Loch in der Gardine ärgert, sondern sich freut über den Erfindungsreichtum seines kleinen Hausgenossen. Am schlimmsten aber ist es, wenn ihm, dem Ahnungslosen, ausgerechnet die heißgeliebte Freiheit zum Verhängnis wird.

»Wellensittich entflogen«

Neunundneunzigmal hat man aufgepaßt, aber beim hundertstenmal ist es passiert: Die Käfigtür stand wie immer offen, dann ist jemand hergegangen und hat auch noch das Wohnzimmerfenster sperrangelweit aufgemacht, ohne den gefiederten Liebling der Familie zu bemerken, der bereits startklar auf der Stehlampe hockte. Wer kann es ihm verdenken, daß er endlich auch einmal seine bunten Schwingen im herrlichen Sonnenlicht baden möchte? Ein Wellensittich ist ja so neugierig und muß immer alles ausprobieren. Doch leider weiß er nichts vom tödlich kalten Winter, der in unseren Breiten auf den Sommer folgt. Und daß er im tausendfenstrigen Häusermeer sein »Flugloch« nicht mehr wiederfinden wird, kann er schließlich auch nicht wissen.

Am Abend eines solchen Unglückstages, wenn es schon ganz dunkel ist, schleicht dann der Familienvater aus dem Haus und klebt an alle Regentraufen und Laternenpfähle der näheren Umgebung Zettel mit der Aufschrift: »Blauweißer Wellensittich entflogen, hört auf den Namen Pitt (oder Charlie oder Fritzi). Wiederbringer erhält hohe Belohnung . . .«

Hoffentlich hat er Glück, obwohl ich berechtigte Zweifel in die Wirksamkeit derartiger Suchanzeigen setze, die im Sommer dem vogelfreundlichen Spaziergänger dutzendfach begegnen. Sie sind doch eher Dokumente zärtlicher Vogelliebe als Wege zum praktischen Erfolg. Vorbeugen wäre auch hier besser gewesen, und zwar mit Hilfe eines Pappschilds am gefährlichen Fenster, auf dem zu lesen steht: »Denk an Pitt!« Kein Mensch wird dann mehr dieses Fenster öffnen, ohne sich vorher zu vergewissern, daß besagter Pitt wohlgeborgen in seinem Käfig sitzt.

Ein durch das Fenster entwichener Wellensittich kehrt niemals wieder, es sei denn durch ein Walten des unergründlichen Zufalls. Seine Natur treibt ihn jedenfalls nicht zu den vertrauten Menschenfreunden zurück, sondern im Gegenteil immer weiter fort in die fremde Welt. Das liegt an der angeborenen Wanderlust der Wellensittiche, die auch die domestizierten Tiere noch nicht völlig abgestreift haben. Freilebende Wellensittiche sind nämlich von Hause aus nicht »standorttreu«, sondern ziehen in ihrer australischen Heimat unermüdlich umher, von einer Nahrungsquelle zur nächsten.

Da wir gerade beim Problem des Ausreißens sind, möchte ich abschließend noch einen Tip für den weniger tragischen Fall geben, daß ein noch unzahmer Wellensittich in der Wohnung umherirrt, ohne Anstalten zu machen, sich wieder in seinen Käfig zu begeben. Unerfahrene Vogelhalter verlieren in einer solchen Situation gern die Geduld oder gar den Kopf und versuchen den Ausreißer mit beschwörenden Worten, lautstarken Flüchen und einer wilden Hetzjagd zur Heimkehr zu bewegen. Das ist so ziemlich das Falscheste, was man tun kann. Denn es bleibt nicht nur der Erfolg aus, sondern der Gejagte wird fortan unseren Zähmungsbemühungen mit verständlichem Mißtrauen begegnen oder trägt sogar einen Schock fürs Leben davon. Durch Schimpfen und Gewaltanwendung reißt das Band des Vertrauens, das sich gerade erst zwischen Mensch und Vogel zu bilden begann.

Mein Ratschlag, der sich schon vielfach bewährt hat: Wenn sich ein entwichener Vogel – das gilt selbstverständlich nicht nur für Wellensittiche – nicht beim ersten behutsamen Versuch wiedereinfangen läßt, wartet man bis zum Einbruch der Dunkelheit, oder man dunkelt den betreffenden Raum durch Herablassen der Jalousien vorübergehend ab, nachdem man sich vorher die jeweilige Position des Tiers genau gemerkt hat. Der Vogel bleibt im Dunkeln normalerweise still sitzen und läßt sich ebenso mühelos greifen, wie man eine reife Frucht vom Baum pflückt, und vorsichtig in den Käfig setzen. Dieses schonende Verfahren hat den zusätzlichen Vorteil, daß unser gefiederter Freund den

»Greifer« nicht sehen und folglich keine Aversion gegen ihn entwickeln kann.
Damit sei freilich nichts gegen den Freiflug im Zimmer gesagt – im Gegenteil. Ein Wellensittich sollte möglichst jeden Tag einmal seine rasanten Flugkünste außerhalb des engen Käfigs zeigen dürfen, allerdings erst dann, wenn er so zahm und zutraulich geworden ist, daß er ganz selbstverständlich auf dem Finger oder der Schulter seines Halters Platz nimmt und sich dann ohne Sträuben in sein Heim zurückbringen läßt. Mit einem lockenden Leckerbissen, zum Beispiel Kolbenhirse, kann man ihm die Rückkehr schmackhafter machen.

Die Zucht

Dem hohen Anspruch, ein idealer, ja der ideale Heimvogel schlechthin zu sein, wird der Wellensittich nicht zuletzt dadurch gerecht, daß er sich in der Gefangenschaft leicht fortpflanzt, jedenfalls leichter als seine sämtlichen Verwandten aus der Papageiensippschaft. Voraussetzung für die Zucht ist das Vorhandensein eines zusammenpassenden, gesunden Paars, das min-

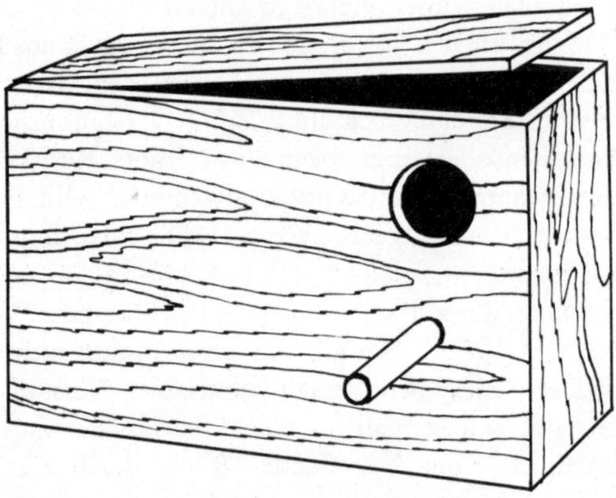

destens 10–12 Monate alt sein soll, und einer geräumigen Behausung mit geeigneten Nistgelegenheiten. Diese Bedingungen sind ohne große Mühe und Kosten zu erfüllen: Die Zusammenstellung eines Zuchtpaars ist bei Wellensittichen bedeutend ein-

facher als bei fast allen anderen Papageien, da Männchen und Weibchen aufgrund der genannten Merkmale leicht auseinanderzuhalten sind und sich im allgemeinen recht ehewillig zeigen. Wer mehrere Vögel besitzt, sollte ihnen Gelegenheit geben, sich paarweise zusammenzuraufen und zusammenzufinden und auf die autoritäre Methode der »Zwangsverpaarung« verzichten. Brauchbare hoch- oder auch querformatige Nistkästen verkauft jede Zoohandlung für ein paar Mark oder kann der Heimwerker umsonst herstellen. Ein Wellensittich-Nistkasten sollte einen muldenförmig vertieften Boden haben, denn da die Vögel kein Nest bauen, sondern ihre Eier kurzerhand auf dem kahlen »Höhlenboden« ablegen, besteht sonst die Gefahr, daß das Gelege ständig auseinanderkugelt und nicht gleichmäßig bebrütet werden kann. In der kleinen Mulde bleiben die Eier dagegen zur Freude der Vogelmutter schön beisammen.

Die Nistkästen – pro Paar jeweils zwei zur Auswahl – können in einem großen Käfig oder, besser noch, in einer Frei- oder Gartenvoliere aufgehängt werden, ganz oben und ungefähr in gleicher Höhe, damit es keinen Streit um den höchsten und besten Nistplatz gibt. (Apropos Voliere: Das ist die beste Wellensittichunterkunft und -zuchtstätte schlechthin. Hier können sich die lebenslustigen Vögel frei entfalten und ihre ganze Schönheit noch weit effektvoller zur Geltung bringen als im Käfig. Da Wellensittiche »winterhart« sind, können sie das ganze Jahr über in der Freivoliere bleiben, sofern ihnen für die kalten Wintertage ein gemütlicher Schutzraum zur Verfügung steht, der aber noch nicht einmal beheizt zu sein braucht. Das nur nebenbei für die Gartenbesitzer unter den Lesern, die ihren Vögeln und sich selber eine besondere Freude machen wollen. Siehe auch Seite 95.) Es versteht sich, daß man in einem Käfig nur ein Pärchen brüten läßt. In einer Voliere dürfen wir hingegen zwei oder mehrere Paare »zur Brut ansetzen«, wie die Fachleute sagen. Allerdings gilt dann das alte lateinische Sprichwort: Pater semper incertus – wer der Vater ist, weiß man nie so genau! Wellensittiche führen zwar im Prinzip eine Einehe, aber die Männchen haben einen Hang zur Polygamie.

Auch sonst benehmen sich die Vogelherren recht menschlich: Während das brave Weibchen seine 4–10 Eier in Abständen von ein oder zwei Tagen legt und im Kasten eifrig bebrütet, genießt der Ehemann seine Freiheit. Immerhin sorgt er für den Lebensunterhalt seiner Partnerin, die er regelmäßig mit dem Schnabel füttert. Es kommt allerdings gelegentlich vor, daß sich auch das Männchen am Brutgeschäft beteiligt, doch solche »idealen Gatten« sind rare Ausnahmen.

Die Wellensittichkinder schlüpfen in der Regel nach 18 Tagen aus den knapp 2 cm langen und 2 g schweren Eiern und sind anfangs dementsprechend winzig und hilflos. Sie wiegen nur ein einziges Gramm und sind überdies völlig nackt und blind. Doch sie machen rasante Fortschritte. Etwa fünf Wochen lang hocken sie im Nest – alle Papageienvögel gehören zur Kategorie der »Nesthocker« – und werden von den Eltern, vor allem wieder von der Mutter, betreut und geatzt. Dann verlassen sie als stattliche und voll befiederte Jungvögel ihre Kinderstube und verdienen nun das Prädikat »nestjung«.

Zur Aufzucht reicht man den Altvögeln das übliche Futter und zusätzlich viel Grünzeug, Kalk und angekeimte Samen. Sehr begehrt ist Eifutter, eine Mischung aus hartgekochtem Eigelb und fein zerkrümeltem Zwieback oder trockenem Weißbrot. Übrigens gibt es in jedem Fachgeschäft spezielles Aufzuchtfutter für Wellensittiche zu kaufen, das gerade dem Neuling sehr empfohlen werden kann.

Die Wellensittichzucht ist an keine bestimmte Jahreszeit gebunden. Es kann sein, daß ein gut eingespieltes Pärchen nach erfolgreicher Jungenaufzucht bald wieder mit dem Brüten beginnen möchte. Doch das sollten wir nicht zulassen im Interesse der Vögel. Mehr als zwei Bruten pro Jahr würden das Weibchen überfordern, und außerdem wollen wir uns ja vor der Gefahr der planlosen »Massenzucht« hüten, ganz zu schweigen von den Gesetzesvorschriften (siehe Seite 104f.), mit denen wir dann in Konflikt geraten könnten.

Wir nehmen also die Nistkästen heraus, reinigen sie gründlich und stellen sie beiseite – bis zum nächsten Mal.

Bei diesem nächsten Mal wollen wir vielleicht die Wellensittichvermehrung nicht mehr dem Zufall überlassen, sondern mit der zünftigen »Farbenzucht« anfangen. Doch das ist ein »weites Feld« und erfordert eine genauere Kenntnis der Vererbungsregeln, der Standard-Farbschläge und der Bewertungskriterien, als sie unser Buch zu vermitteln vermag. Wenn ich auf diese kniffligen Dinge näher eingehen wollte, bliebe für die anderen Papageienarten, die wir noch kennenlernen wollen, überhaupt kein Platz mehr. Ich kann deshalb dem angehenden Profi-Züchter nur dringend raten, sich in der einschlägigen Literatur gründlich zu informieren.

Die Nymphensittiche

Der Nymphensittich mit den lustigen roten Ohrflecken und dem anmutigen gelben Federhäubchen (Nymphicus hollandicus; Farbtafel II) stammt wie der Wellensittich aus Australien und bewohnt gleich ihm in großen Schwärmen die weiten Steppen- und Grasgebiete im Innern des Kontinents. Aber nicht nur wegen dieser geographischen Nähe stelle ich die »Nymphen«, wie sie der Kenner liebevoll-zärtlich nennt, gleich neben die Wellensittiche. Sie haben auch sonst manches, was sie mit ihren australischen Vettern verbindet, vor allem dies: Sie sind gleichermaßen liebenswürdig, widerstandsfähig und genügsam, friedfertig und sanftmütig, anhänglich und leicht zähmbar, sprechbegabt (wenigstens die Männchen) und possierlich.

Daß der Nymphensittich dennoch nicht ganz so bekannt und verbreitet ist wie der Wellensittich, liegt wohl daran, daß er erstens teurer und zweitens ein gutes Stück größer ist und somit eine geräumigere Behausung verlangt.

Die Preise für einen »normalen« Nymphensittich haben sich gerade in den letzten Jahren leicht nach oben bewegt. Daran könnte die steigende Nachfrage schuld sein, die wiederum ein Beweis für die (zu Recht) steigende Beliebtheit wäre. Immerhin, erschwinglich bleiben die Nymphen nach wie vor, und sie sind zum Glück auch mit schöner Regelmäßigkeit im Handel, weil die Züchter – alle verkauften Tiere stammen aus heimischen Zuchten – sich offenbar sehr anstrengen, den wachsenden Bedarf zu decken.

Unterbringung

Und was die Größe angeht, so erreicht ein ausgewachsener Nymphensittich die stattliche Gesamtlänge von 30–33 cm, wovon allerdings ungefähr die Hälfte auf den kräftigen breiten Schwanz entfällt. Schon aus dieser Maßangabe geht hervor, daß ein Nymphensittich nicht in einen der üblichen Wellensittichkäfige hineinpaßt, die ja meist nicht höher als 40 cm sind. Wir brauchen jedoch für den trotz seiner Länge zierlichen Vogel nicht gleich einen massiven Papageienkäfig anzuschaffen; ein großes, hohes Gesellschaftsbauer genügt fürs erste, zumal die Nymphen, im Vergleich zu den zappeligen Wellensittichen, eher eine ruhige und beschauliche Lebensweise bevorzugen. Das Wörtchen »ruhig« bezieht sich freilich nicht unbedingt auf die Stimme. Sie wird zwar im allgemeinen als angenehm empfunden, aber zuweilen können die Flötentöne der Nymphen zu einem gellenden Pfeifen ausarten. Doch das ist – Hand aufs Herz! – wirklich die einzige Schwäche, die man diesen Vögeln nachsagen kann.

Am wohlsten fühlen sich die Nymphensittiche selbstverständlich in einer schlichten, möglichst langgestreckten Freivoliere, in der sie zeigen können, was für hervorragende Flieger sie sind und wieviel Temperament in ihnen steckt. Da die Nymphen ebenso winterhart sind wie die Wellensittiche und übrigens die meisten australischen Sittiche, brauchen wir den unverzichtbaren Schutzraum der Voliere nicht einmal mit einer Heizung auszustatten.

Futter

Wenn ich jetzt noch anfüge, daß die Nymphen sich mit dem gleichen Standardfutter begnügen wie ihre kleineren australischen Vettern und allenfalls zwischendurch ein bißchen Hafer, Hanf, Sonnenblumenkerne und Erdnüsse vernaschen, so drängt sich geradezu die Frage auf: Kann man denn nicht Nymphen- und Wellensittiche einfach zusammensetzen? Jawohl, man kann! Was sonst bei Papageien fast unmöglich ist, nämlich die Vergesellschaftung verschiedener Arten, bietet sich bei diesen beiden Sitticharten förmlich an. Man kann sie in einem großen Käfig und erst recht in einer Voliere unbedenklich gemeinsam pflegen, ohne befürchten zu müssen, daß sie einander schikanieren und beißen, wie das in Papageienkreisen ansonsten leider üblich ist; und daß eine aus zwei hübschen Vogelarten gemischte Kollektion ein doppelt hübscher Anblick ist, liegt auf der Hand.

Zucht

Die Nymphensittiche machen auch dem noch unerfahrenen Amateur die Zucht verhältnismäßig leicht, vor allem deswegen, weil sich die Geschlechter äußerlich unterscheiden und die Zusammenstellung eines echten Paars folglich ohne Schwierigkeit möglich ist. Die weiblichen Tiere sind insgesamt weniger leuchtend gefärbt als die männlichen; das Gelb ihres Kopfes und das Rot der Ohrflecken sind blasser, und außerdem ist die Unterseite des weiblichen Schwanzes hell-dunkel quergebändert. Doch Vorsicht: Junge, noch unausgefärbte Männchen können einem erwachsenen Weibchen zum Verwechseln ähnlich sehen!

Ein gesundes, mindestens einjähriges Nymphenpärchen läßt sich nicht lange bitten, sondern macht sich meist ohne Umschweife an das Brutgeschäft – nicht nur in der Voliere, sondern auch in einem entsprechend geräumigen Käfig. Das junge Paar möchte gern für sich leben und darf auch während des Brütens nicht von seinem menschlichen Betreuer gestört werden.

Das Gelege umfaßt im Durchschnitt sechs Eier, die nach einem festen Zeitplan von beiden Eltern abwechselnd bebrütet werden; den Tagdienst übernimmt der Vater, den Nachtdienst die Mutter. Nach knapp drei Wochen schlüpfen die kleinen Nymphen aus, die nach weiteren vier bis fünf Wochen den Nistkasten verlassen. Auch danach werden die Jungvögel noch eine Zeitlang von ihren Eltern geatzt.

Wenn ein Nymphensittichpaar einmal auf den Geschmack gekommen ist, erweist es sich häufig als so vermehrungsfreudig, daß dem Hobby-Züchter angst und bange werden kann. Drei Bruten und 20 Sprößlinge im Jahr sind bei Nymphen keine Seltenheit. Angesichts solch drohender Massenproduktion gilt das gleiche, was über die Wellensittichzucht (siehe Seite 34) gesagt wurde.

Weiße Nymphen

Wer sich in verschiedenen Zoogeschäften nach Nymphensittichen umschaut, glaubt plötzlich seinen Augen nicht zu trauen: Er steht zum erstenmal vor einem Käfig, in dem sich nicht die ihm inzwischen vertrauten schiefergrauen Gesellen tummeln, sondern schneeweiß schimmernde Wundervögel, die gleichwohl am un-

verwechselbaren gelben Kopf und Schopf und an den roten Bäckchen sofort als Nymphensittiche zu erkennen sind.
Das sind Albinozüchtungen, die erstmals 1959 in Amerika auftauchten und seither die ganze Welt erobert haben. Inzwischen gibt es nicht nur Albinos, die als besonderes Kennzeichen bekanntlich rote Augen haben, sondern auch schon weiße Tiere mit schwarzen Augen und weiß oder gelb gescheckte Exemplare. Wie man sieht, hat die Zucht von Farbschlägen auch bei den Nymphensittichen eingesetzt – ein Zeichen dafür, daß diese Vögel wie die Wellensittiche allmählich zu echten Haustieren werden. Doch die phantastische Wellensittich-Farbenpracht wird den Nymphenzüchtern wohl noch auf lange Zeit, vielleicht gar auf immer, versagt bleiben.
Die Zucht der weißen und gescheckten Nymphensittiche erfordert viel Geschick und Mühe, schon allein deswegen, weil die Geschlechter kaum auseinanderzuhalten sind. Kein Wunder also, daß diese Luxusgeschöpfe erheblich höher im Preis stehen. Die hohen Gestehungskosten sind aber auch der einzige Grund, der uns vom Kauf abschrecken könnte. In ihrem liebenswerten Wesen und ihren bescheidenen Haltungsansprüchen unterscheiden sich die exklusiven Zuchtformen jedenfalls nicht im geringsten von ihren »normalen« Artgenossen.

Die Agaporniden oder Unzertrennlichen

Wenn wir nach Wellen- und Nymphensittich die Anwärter auf den dritten Platz in der Papageien-Beliebtheitsskala suchen, müssen wir einen gewaltigen Sprung von Australien nach Afrika machen. Dort leben die verschiedenen Arten der Gattung Agapornis, die nach den beiden Spitzenreitern sicherlich am häufigsten die Käfige und Volieren der Liebhaber bevölkern. Ihre weite Verbreitung verdanken diese dickköpfigen, kurzschwänzigen Papageien zweifellos ihrer Buntheit und ihrer handlichen Körpergröße: Sie werden kaum größer als ein Sperling, wirken aber sehr viel stämmiger und kompakter.
Den ausnehmend wohlklingenden Gattungsnamen Agapornis müssen wir uns ein bißchen genauer anschauen, weil sich aus ihm eine grundlegende Erkenntnis über das Wesen dieser Vögel ab-

leiten läßt. Er stammt aus dem Griechischen und setzt sich aus den beiden Begriffen »agape« (= Liebe) und »ornis« (= Vogel) zusammen. Wer auf der Schule kein Griechisch gehabt hat, kann seine Sprachkenntnisse an der früher zuweilen benutzten lateinischen Gattungsbezeichnung Amoravis ausprobieren, die genau dasselbe bedeutet, wie auch derjenige weiß, der mit seinem Latein schon ziemlich am Ende ist. Doch »Liebe« plus »Vogel« ergibt leider nicht den naheliegenden »Liebesvogel« (vermutlich weil dieser Name dazumal schon an den Wellensittich vergeben war), sondern den »Unzertrennlichen«. Und ganz besonders »feine Leute« sagen sogar wie die Franzosen »Inséparable«. Nur die pragmatischen Angelsachsen bleiben schlicht beim »Lovebird«.

Indes ist der Name »Unzertrennliche«, den man den Agaporniden verliehen hat, gar nicht so übel. So weiß man wenigstens gleich von vornherein, daß man diese drolligen Papageichen stets paarweise halten soll, ja muß. Man hat übrigens auch kaum eine andere Wahl; ich habe in vielen Jahren noch nie gesehen, daß ein Zoohändler einen einzelnen »Unzertrennlichen« zum Verkauf angeboten hätte.

Was Unzertrennlichkeit bedeutet, demonstrieren uns die Vögel Tag für Tag in ihrem Käfig, der nicht übermäßig groß sein muß, weil sich die Insassen mehr kletternd als fliegend fortbewegen. Wenn sie allerdings Gelegenheit zum Freiflug haben, wissen sie ihre kurzen Schwingen sehr gut zu gebrauchen.

Während ich dies hier schreibe, kann ich zwischendurch meine beiden Unzertrennlichen vom Stamm der Pfirsichköpfchen beobachten, deren Käfig vor dem Fenster meines Arbeitszimmers im Garten steht. Sie freuen sich offensichtlich über die Sonne und gebärden sich noch munterer als sonst im vergleichsweise dunklen Zimmer.

Wie herrlich ihr pastellartiges Samtgefieder, das stets wie geschniegelt aussieht, im milden Sonnenlicht zur Geltung kommt: das leuchtende Orangerot ihres Kopfes mit den dunklen, weißberingten Augen, die in Gelb übergehende Brust, die dunkelgrünen Flügeldecken, die sich scharf und dennoch erstaunlich harmonisch vom helleren Grün des Bauchs und vom kräftigen Blau des Oberschwanzes abheben. Hätte ein Maler diese grellen Farbkontraste so dicht nebeneinander auf seine Leinwand gesetzt, man würde ihm wahrscheinlich eine Neigung zum Kitsch vorwerfen.

Unermüdlich trippeln die kleinen Buntröcke jetzt auf der Sitzstange hin und her, immer einer hinter dem andern, als hätten sie Angst, die Tuch- bzw. Federfühlung zu verlieren. Wenn einer der beiden kopfunter am Käfiggitter zum Futternapf hinabhantelt, schließt sich der andere sofort an. Einträchtig sitzen sie vor dem Napf und tauchen abwechselnd die feuerroten Dickschnäbel in die Körnermischung. Nach diesem kleinen Imbiß turnen sie wieder zur hohen Sitzstange empor und nehmen kopfnickend ein paar Schlucke aus dem Trinkautomaten. Derart frisch gestärkt, rennen sie mehrmals nebeneinander am Gitter des Käfigdachs entlang und lassen dazu ihre schrille Stimme ertönen – ein Ausbruch schierer Lebenslust. Das hört sich an wie eine aufgeregt tschilpende Spatzenhorde mit obligatem Türquietschen. Wenig später hocken die beiden wieder friedlich und eng aneinandergeschmiegt auf der Stange, kraulen sich das samtweiche Hals- und Nackengefieder und schnäbeln unsäglich verliebt. Sie führen eine vorbildliche Ehe, und wenn nach vielen, vielen Jahren einer von beiden stirbt, wird sich der überlebende Teil zu Tode grämen. Das beschwören jedenfalls die eingefleischten Agapornidenfreunde. Aber soviel vermenschlichte Vogeltreue gehört wohl eher in das Reich des Liebhaberlateins. Auch ein Vogel stirbt nur selten vor Kummer, sondern meist vor Altersschwäche oder an irgendeiner tückischen Krankheit. Dennoch: bei Unzertrennlichen ist die Treue, die wechselseitige »seelische« Abhängigkeit, gewiß kein leerer Wahn.

Pfirsichköpfchen

Den ersten und vermutlich populärsten Vertreter der Agaporniden haben wir damit bereits kennengelernt. Doch der Ordnung halber will ich ihn jetzt noch einmal mit vollem Namen vorstellen: Pfirsichköpfchen oder Fischers Unzertrennlicher (Agapornis personata fischeri; in Angebotslisten vielfach kurz »Fischeri« genannt; Farbtafel IV). Der dreiteilige wissenschaftliche Name deutet darauf hin, daß wir es hier nicht mit einer Art, sondern mit einer Unterart oder Rasse der Art Agapornis personata zu tun haben. Das auffälligste gemeinsame Kennzeichen der Personata-Gruppe sind die leuchtendweißen Augenringe.

Schwarzköpfchen

Wenn dagegen ein Vogelhändler in seiner Liste den Namen »Personata« aufführt, dann ist damit das Schwarzköpfchen (Agapornis personata personata, Farbtafel III) gemeint, der Stammherr oder die »Nominatrasse« der ganzen Gruppe. Die Schwarzköpfchen, die zuweilen auch Masken-Unzertrennliche heißen, sind ebenso reizende Pfleglinge wie die Pfirsichköpfchen, von denen sie sich hauptsächlich durch ihren schwärzlichen Kopf und die kräftig gelben Brust- und Nackenfedern unterscheiden. Seit einigen Jahrzehnten ist neben der schwarz-gelb-grünen Wildform eine blaue Spielart (Mutation) bekannt, die schon in der Natur vorkommt und seit ihrer Entdeckung regelmäßig nachgezüchtet wird. Daß sie mindestens dreimal so teuer ist wie die Normalausführung, sei nur am Rande erwähnt. Mittlerweile gibt es auch bereits weiße, gelbe und graue Abarten, die sehr attraktiv ausfallen können, auf jeden Fall attraktiver als die vielen undefinierbar gefärbten Schwarzköpfchen, die das Ergebnis planloser Mischlingszucht sind. Leider können es manche Züchter nicht lassen, der Natur ins Handwerk zu pfuschen und die verschiedenen Personata-Rassen höchst überflüssigerweise untereinander zu kreuzen. Man achte also beim Kauf unbedingt auf die von der Natur vorgesehene Farbreinheit und -schönheit!

Rußköpfchen – Erdbeerköpfchen

Zur Personata-Gruppe gehören noch zwei weitere Rassen, die seltener auf dem Vogelmarkt anzutreffen, aber nicht weniger empfehlenswert sind: das Rußköpfchen (Agapornis personata nigrigenis) mit dem schwarzbraunen Köpfchen und der orangefarbenen Kehle sowie das Erdbeerköpfchen (Agapornis personata lilianae), das ein orangerotes Gesicht hat und im übrigen in den verschiedensten Grüntönen schillert. Beide sind zierlicher und zugleich friedfertiger als ihre nächsten Verwandten, aber auch etwas heikler und kälteempfindlicher.

Rosenköpfchen

Damit ist die Gattung der Unzertrennlichen noch keineswegs

erschöpft. Von den verbleibenden Arten will ich wenigstens noch drei nennen, die hin und wieder im Handel auftauchen. Da wäre als erstes das Rosenköpfchen (Agapornis roseicollis; in den Listen der Händler wird daraus oft »Roseicolli« oder gar »Roseikollie«), das mit einer Länge von ca. 17 cm die größte Agapornidenart darstellt. Die stattlichen Rosenköpfchen, leicht erkennbar an dem von Rostrot in Blaßrosa übergehenden Kopf- und Kehlgefieder und dem blauen Bürzel, sind ausgesprochen freche Burschen mit recht unverträglichem Naturell und einer alles durchdringenden Stimme. Zum Ausgleich dafür erweisen sie sich als sehr zählebig, ausdauernd und winterhart. Trotzdem, den Kauf sollte man sich sorgfältig überlegen, zumal wenn man in einer hellhörigen Großstadtwohnung lebt.

Orangeköpfchen

Solche Bedenken brauchen wir beim Orangeköpfchen (Agapornis pullaria) nicht zu haben, denn es verfügt über eine verhältnismäßig leise, angenehm zwitschernde Stimme und ist auch sonst von sanfterer Gemütsart. Stirn, Kopfseiten und Kehle sind scharf orangerot abgesetzt; das restliche Gefieder ist grün und mit blauen und roten Abzeichen dekoriert. Die Vögel waren früher häufiger im Handel als heutzutage, doch wer Glück hat, findet vielleicht doch noch ein Pärchen.

Der Taranta-Unzertrennliche

Daß der Tarantiner (Agapornis taranta), der auch unter dem Namen Taranta-Unzertrennlicher und Berg- oder Gebirgspapagei bekannt ist, so selten angeboten wird, hat seinen Grund wohl vor allem darin, daß diese Art von allen Agaporniden das unscheinbarste Federkleid trägt: Verwaschene Grüntöne herrschen vor, Stirn, Zügel und Augenringe sind blutrot, allerdings nur beim Männchen. Für ihr schlichtes Aussehen entschädigen uns die Vögel durch ihr sympathisch leises Organ und ihre Unempfindlichkeit. Selbst Temperaturen weit unter dem Gefrierpunkt können ihnen nichts anhaben. Große Kälte sind diese »Bergpapageien« von Hause aus gewohnt, denn sie leben in nördlicheren Regionen als ihre Verwandten, nämlich in Äthiopien und überdies in Höhen bis zu 3000 Metern.

Was man vor der Anschaffung beachten sollte

Aus dem bisher Gesagten dürfte deutlich geworden sein, daß die Agaporniden aus der Sicht des Vogelhalters nicht nur Vorzüge haben. Es sind Idealvögel nur für den, der ihre kleinen Schwächen gerne mit in Kauf nimmt. Auf jeden Fall sollte man das Für und Wider vor der Anschaffung gründlich abwägen. Auf einen raschen Kaufentschluß, ausgelöst durch die bestechende Anmut der schmucken, stets adretten Vögel, ist manchmal schon große Enttäuschung gefolgt, weil man nicht bedacht hat, daß die Agaporniden zum Teil wüste Schreier sind, daß sie nur selten einigermaßen zutraulich werden und daß ihr Sprachtalent mehr als dürftig ist. Eindringlich möchte ich auch davor warnen, ein Pärchen Unzertrennliche mit anderen, artfremden Vögeln zusammenzusetzen, etwa mit den ungefähr gleich großen Wellensittichen, die scheinbar so gut zu ihnen passen. So liebevoll und zärtlich die Unzertrennlichen mit ihresgleichen umgehen, so unverträglich benehmen sie sich gegenüber Fremdlingen. Sie finden ein geradezu perverses Vergnügen daran, ungenehme Mitinsassen in die Beine zu beißen und auch sonst zu schikanieren. Ein moralischer Zeigefinger hilft da nichts, sondern nur die Beherzigung des guten Rates, daß ein Agapornidenpaar grundsätzlich eine Wohnung für sich haben muß. Allenfalls in einer geräumigen Voliere, in der die Bewohner einander aus dem Weg gehen können, lassen sich mehrere artgleiche Paare unterbringen. Aber auch hier müssen die Vögel zur gleichen Zeit eingesetzt werden, damit sich niemand als »Rangälterer« aufspielen und den später Kommenden das Leben zur Hölle machen kann. Nebenbei bemerkt: Das gleichzeitige Zusammensetzen ist überhaupt die beste Methode, wenn es darum geht, verschiedene Vogelarten miteinander zu vergesellschaften.

Man sollte nun meinen, die Unzertrennlichen, bei denen die Pärchen so eng zusammenhalten, ließen sich besonders leicht züchten. Doch der Eindruck täuscht. Zum einen sind die Geschlechter bei den meisten Arten äußerlich kaum zu unterscheiden, und zum andern ist ein Paar noch längst kein Zuchtpaar, das automatisch auf Nachwuchs sinnt.

An dieser Stelle muß ich endlich mit einer schockierenden Wahrheit herausrücken: Was man als »Paar« gekauft hat, besteht nicht unbedingt aus Männchen und Weibchen. Wenn die Vögel nicht die geringsten Anstalten machen, ihren Nistkasten zweckentsprechend zu benutzen, haben wir wahrscheinlich zwei männliche Tiere erstanden. Sind dagegen beide Vögel unentwegt damit beschäftigt, Nistmaterial einzutragen, und legen sie sogar einen ungewöhnlich großen Haufen Eier, dann kann man fast sicher sein, daß die Eier unbefruchtet sind, weil der Käfig zwei Weibchen beherbergt. Einen Trost immerhin hat der Besitzer eines solchen unechten Paares: Wenn man einmal von einem einzigen, freilich entscheidenden Detail absieht, verhalten sich gleichgeschlechtliche Partner nicht anders als verschiedengeschlechtliche. Zu Frustrationserscheinungen ist es, soviel man weiß, bislang noch nicht gekommen, und auch die Freude des Pflegers an seinen Gefiederten bleibt ungetrübt.

Wer jetzt noch immer nicht glaubt, daß die Agapornidenzucht eine vertrackte Angelegenheit ist, dem empfehle ich die Lektüre des köstlichen Berichts »Jorinde blieb Joringel treu«, die Bernhard Grzimek in sein Buch »Wir Tiere sind ja gar nicht so!« aufgenommen hat. Professor Grzimek erzählt hier, wie er als junger Tierarzt einmal versuchte, ein Agapornidenpaar – nach der Beschreibung kann es sich nur um Schwarzköpfchen gehandelt haben – zur Fortpflanzung zu bewegen. Als es mit Jorinde und Joringel, so hießen die beiden Papageien, nicht klappen wollte, tauschte er Joringel gegen Jorungel aus – gleichfalls ohne Erfolg. Auch ein weiterer Partnertausch von Jorinde zu Jorunde blieb folgenlos (wenn man davon absieht, daß die verstoßene Jorinde einen anderen Papagei, bei dem sie einquartiert wurde, schon in der ersten Nacht umbrachte). Danach gab der prominente Agapornidenfreund endgültig auf und begnügte sich fortan damit, das drollige Verhalten seines zur Kinderlosigkeit verdammten Vogelpärchens zu beobachten.

Wenn selbst einem Tierfachmann wie Professor Grzimek so etwas widerfährt, dürfen wir Anfänger schon gar nicht auf schnelle Erfolge hoffen, obzwar in vielen Büchern die Zucht von Unzertrennlichen fast als Kinderspiel dargestellt wird. Gewiß, die Vertreter der Personata-Gruppe werden regelmäßig in großer Zahl nachgezüchtet, allerdings fast ausschließlich von routinierten Könnern, die hoffentlich in Zukunft gesteigerten Wert darauf legen, daß nicht mehr so viele unerwünschte Mischlinge zustande kommen. Aber die übrigen Agaporniden machen auch alten Hasen das Leben schwer; manche Arten pflanzen sich nur unter idealen Bedingungen fort (z. B. Tarantiner und Orangeköpfchen) oder sind bislang nur vereinzelt gezüchtet worden. In diesen Fällen würden sich alle Anstrengungen lohnen, eine Zuchtmethode zu entwickeln, die zuverlässiger als bisher zum Erfolg führt. Das könnte unter Umständen sogar einmal einem Amateurzüchter gelingen, frei nach dem Sprichwort, daß ein blindes Huhn ja auch ein Korn findet ...

Wer das Glück hat, daß seine Unzertrennlichen sich trotz allem zum Nisten bequemen, kann ein interessantes Brutverhalten beobachten. Diese Vögel verwenden nämlich zur Ausstaffierung des Nistkastens reichlich Nistmaterial in Form von Halmen und Baumrinde, die sie von dargebotenen Weiden- oder Obstbaumzweigen abschälen, zu kleinen Stücken zerschroten und dann in die künftige Kinderstube eintragen. Die Personata-Rassen tun das, wie nicht anders zu erwarten, mit dem Schnabel, doch die anderen Agaporniden haben sich für den Transport ein besonders kurioses Verfahren ausgedacht: Sie stecken sich die Rindenfetzen oder Halme ins Rückengefieder und schaffen sie so ins Nest.

Wenn ich jetzt noch einmal überdenke, was ich hier über die Schattenseiten der Agapornidenhaltung gesagt habe, kommt es mir so vor, als hätte ich etwas zu schwarz gemalt. Ich habe direkt ein schlechtes Gewissen gegenüber den Unzertrennlichen im allgemeinen und meinen beiden Pfirsichköpfchen im besonderen, die mir soviel Freude machen und die ich um nichts in der Welt wieder hergeben würde.

Deshalb möchte ich dieses Kapitel nicht beenden, ohne wenigstens noch ein gutes Wort für die ins Zwielicht geratenen Papageichen einzulegen. Ihre Ehrenrettung läßt sich mit guten Argumenten untermauern:

1. Alle Unzertrennlichen sind äußerst bescheiden in ihren Ansprüchen. Mit einer Mischung aus Kanariensaat (Glanz), Hirse, Sonnenblumenkernen, Hanf und Raps (die beiden letzten Futterbestandteile dürfen wegen der möglichen Verfettungsgefahr nur sparsam verabreicht werden) oder einer handelsüblichen Fertigmischung gedeihen sie viele Jahre lang prächtig. Zusätzlich brauchen sie nur noch Kalk (Sepiaschale) und hin und wieder etwas Grünzeug (Salat, Löwenzahn, Vogelmiere usw.) sowie selbstver-

ständlich Vogelsand und Trinkwasser. Kolbenhirse ist eine besondere Delikatesse. Neuerdings gibt es unter dem Namen »Sittich-Kräcker« eine Kolbenhirseimitation zu kaufen, die mit Vitaminen, Kalk, Honig und allerlei Aufbaustoffen angereichert ist und von allen kleinen Papageien mit Begeisterung aufgeknabbert wird.

2. Die Unzertrennlichen, zumal die gängigen Personata-Rassen, sind gegen Krankheiten und sonstige Wechselfälle des Lebens weitgehend gefeit. Hinter ihrer stabilen Konstitution und ihrer stets gepflegten äußeren Erscheinung verbirgt sich ein kräftiger Selbstbehauptungswille, der nicht so leicht kleinzukriegen ist, weder durch mitteleuropäische Witterungsunbilden noch durch gelegentliche Fehler des Menschen bei der Haltung.

3. Mit ihrem farbenprächtigen Gefieder, ihrer eigenwilligen Körpergestalt und ihren akrobatischen Kletterkünsten bringen die afrikanischen Kleinpapageien einen Hauch exotischer Stimmung und Schönheit ins Haus. Ihr Käfig ist ein Blickfang. Wo diese schelmischen Krummschnäbel ihr Wesen und Unwesen treiben, kommt garantiert keine Langeweile auf, so viel natürlichen Charme und ansteckende Lebensfreude strahlen sie aus.

Ja, man muß sie einfach liebhaben, die unzertrennlichen Unzertrennlichen – all ihren kleinen Fehlern zum Trotz!

Der Graupapagei

Bleiben wir noch ein wenig in Afrika, wo nicht nur die Sippschaft der Unzertrennlichen zu Hause ist, sondern auch jener legendenumwobene Krummschnabel, der für viele Menschen die Verkörperung des Papageienvogels schlechthin ist: Der Graupapagei (Psittacus erithacus; Farbtafel V) wird oft mit seinem Eingeborenennamen Jako gerufen, denn aus diesem hat sich der Standard-Papageienname Jakob entwickelt.

Der Graupapagei ist eine eindrucksvolle, unverwechselbare Persönlichkeit, er besitzt Schönheit, Eigenart, Intelligenz und Charakter in hohem Maß. Den Ehrentitel einer Grauen Eminenz, also eines hervorragenden Vertreters der Papageienfamilie, hat er vollauf verdient.

Betrachten wir zunächst das Äußere dieses eminenten Vogels: Der im Durchschnitt 35 cm lange Graupapagei – es gibt drei

Rassen, die in der Größe leicht variieren – ist wirklich von Kopf bis Fuß grau in verschiedenen Schattierungen; nur der kecke Stummelschwanz leuchtet scharlachrot. Der imposante Schnabel ist schwärzlich gefärbt und so kräftig, daß ihm kein Holz und kein normales Drahtgeflecht zu widerstehen vermögen – übrigens auch kein Menschenfinger. Doch damit wären wir schon beim Innenleben des Vogels, denn das Fingerbeißen ist Ausdruck einer gestörten oder noch nicht eingespielten inneren Beziehung des Tieres zum Menschen. Ein sachgemäß gehaltener und gezähmter Graupapagei macht so etwas nicht, es sei denn, er hat gerade seinen grantigen Tag oder eine Stinkwut auf einen bestimmten Menschen, der ihm nichtsahnend seinen Finger vor den Schnabel hält. Stimmungsschwankungen, Sympathien und Antipathien sowie sonstige menschlich-allzumenschliche Eigenschaften gehören nun einmal zum Charakterbild eines Vogels, der mit Recht als einer der klügsten und wandlungsfähigsten Repräsentanten der gesamten Vogelwelt gilt.

Der zahme Graupapagei

Auch wenn wir unserem Jako nicht seine charakterlichen Eigenheiten gänzlich austreiben und ihn damit zu einem willenlosen Objekt menschlicher Repression erniedrigen wollen, so ist doch das Streben nach Zahmheit das oberste Gebot in der Graupapageienhaltung. Ein Graupapagei, der nicht zahm ist, macht seinem Besitzer wenig Freude. Er bleibt scheu oder grämlich, bissig und laut – Graupapageien haben eine gewaltige Stimme – und wird meist bald in der Zeitung als »umständehalber zu verkaufen« angeboten.

Dabei trifft den Vogel nicht die mindeste Schuld; er verhält sich nur normal und zeigt seine natürliche Abwehrreaktion gegen eine fremde Umwelt, in der er sich beim besten Willen nicht wohl fühlen kann. Die Schuld liegt allein beim Menschen, der sich, verführt durch die attraktive Erscheinung oder das volkstümliche Image des Graupapageis, einen solchen Vogel für teures Geld gekauft hat, ohne zu wissen, wie er mit ihm umgehen soll. Darin besteht überhaupt eine gewisse Gefahr, denn oft werden Graupapageien von Leuten erworben, die noch nie zuvor ihr Tierpflegergeschick an »leichteren« Vögeln erprobt haben. Jako ist kein beliebiges Renommierstück für Snobs und auch kein sogenanntes »Anfängertier«, obgleich er hinsichtlich seiner Unterbringung und Verpflegung kaum Ansprüche stellt. Die richtige Unterkunft ist ein großer und sehr stabiler Papageienkäfig oder besser noch eine ebenso stabile Gartenvoliere. Die Nahrung besteht aus dem üblichen Körnergemisch, angereichert mit Mais, Nüssen, Obst und Grünzeug, evtl. auch mit Zwieback und eingeweichtem Weißbrot.

Wer jedoch aus echter Tierliebe einen Graupapagei als »Erstvogel« erwirbt, sollte viel Zeit und Mühe auf seinen äußerlich bescheidenen, aber innerlich anspruchsvollen Hausgenossen verwenden und vor allem darauf achten, daß er ein wirklich junges Tier bekommt. Für die Jugendlichkeit eines Graupapageis gibt es nur ein zuverlässiges Indiz: Die Iris, also die Regenbogenhaut des Auges, die die Pupille umschließt, ist beim jungen Vogel anfangs schwarz, wird dann allmählich grau und schließlich gelb.

Ein junger Jako läßt sich verhältnismäßig leicht zähmen, wenn man in etwa so vorgeht, wie ich es auf S. 98ff. beschrieben habe. Bei einem älteren Tier, das als Wildfang in Menschenhände fällt, ist eine Zähmung bedeutend schwieriger, wenn nicht ganz unmöglich. Ein unerfahrener Vogelfreund sollte sich keinesfalls zum Kauf eines solchen Veteranen überreden lassen, auch nicht durch den Hinweis auf das hohe Alter, das die Graupapageien erreichen. Denn gerade hier liegt der Haken: Da in den meisten Fällen die erhoffte bzw. vom Verkäufer verheißene Zähmung dann doch nicht gelingt, ist der bedauernswerte Käufer jahrzehntelang an ein Tier gebunden, das nicht hält und auf Grund seiner Natur nicht halten kann, was man sich von ihm versprochen hat. Ganz anders ist es, wenn der bejahrte Graupapagei bereits durch eine gute Schule gegangen und zum echten Menschenfreund geworden ist. Eine solche Gelegenheit sollte man wahrnehmen, trotz des höheren Kaufpreises, der für gut eingewöhnte, zahme und womöglich sprechfreudige Altpapageien gefordert wird.

Ob ein Papagei wirklich zahm ist, merkt auch der Laie sehr schnell, wenn er das Tier im Zoogeschäft eine Zeitlang beobachtet. Ein Vogel, der sich bei unserer Annäherung scheu in die Käfigecke drückt, angsterfüllte Schreie ausstößt oder angriffslustig das Nackengefieder sträubt, ist es mit Sicherheit nicht.

Tafel III. Schwarzköpfchen, kleine, stämmige Papageien aus Afrika, die zu den Unzertrennlichen gehören. Man soll sie stets paarweise halten.

Tafel IV. Zwei andere beliebte Agaporniden: Pfirsichköpfchen oder Fischers Unzertrennliche.

Wenn man seine Fähigkeiten als Papageiendompteur nicht maßlos überschätzt, läßt man am besten die Finger davon.

Das »Wundertier«

Die Graupapageien gelten allgemein und mit vollem Recht als Sprechgenies, als Meister in der Nachahmung menschlicher Laute (und allerlei außermenschlicher Geräusche). Das haben schon die afrikanischen Neger in der Heimat dieser Vögel gewußt. Die ersten Afrikaforscher berichten von zahmen und sprachgewandten Jakos, die in den Eingeborenendörfern wie Haustiere lebten.

Inzwischen haben sich die Papageien von afrikanischen Negerdialekten auf europäische Sprachen umstellen müssen. Das ging schon im 15. Jahrhundert los, als die ersten Graupapageien nach Europa gelangten. Seither kursierten zahllose Berichte und Geschichten, in denen Jako mit Bravour seine Rolle als Alleinunterhalter und unfreiwilliger Komiker spielt. Eine besonders schöne und überdies authentische Geschichte hat Tiervater Alfred Brehm vor mehr als hundert Jahren aufgezeichnet. Ich würde sie am liebsten in voller Länge wiedergeben, um zu zeigen, was jener berühmt gewordene Graupapagei, den Brehm ausdrücklich als »Wundertier« bezeichnet, zu leisten imstande war. Doch leider ist der Text so lang, daß er den engen Rahmen dieses Buches sprengen würde. Allein das Repertoire von Sätzen, Ausrufen, Namen und witzigen Bemerkungen, das der so wortgewaltige wie humorvolle Vogel ständig im Schnabel führte, umfaßt gut und gerne zwei volle Seiten!

Da es aber, wenn von Graupapageien die Rede ist, ohne Anekdoten nun einmal nicht geht, will ich wenigstens eine ganz kurze Geschichte erzählen, die das sprachliche oder vielmehr imitatorische Ausdrucksvermögen dieser Wundertiere nicht weniger treffend charakterisiert als Brehms allzu ausführliche Schilderung: Buffon, der große französische Naturforscher des 18. Jahrhunderts, berichtet von einem Graupapagei, der auf einem finanzschwachen Windjammer das Gehalt des Schiffsgeistlichen einsparen half. Der würdige Jako sprach den Matrosen tagtäglich die Gebete und den Rosenkranz vor, und alle waren's zufrieden, die Seeleute und vor allem die Schiffseigner.

Wie sind solche phantastischen Leistungen zu erklären? Einmal mit dem hervorragend entwickelten Gedächtnis und Assoziationsvermögen der Graupapageien, zum anderen mit der unendlichen Geduld, welche die Menschen damals auf die Ausbildung ihrer Vögel verwandten. Hören wir uns doch einmal an, was Brehm über den Besitzer jenes »Wundertiers« sagt: »Dieser gab ihm täglich vormittags von neun bis zehn oder abends von zehn bis elf Uhr regelrechten Unterricht, beschäftigte sich außerdem viel mit ihm und erzielte so die hohe Ausbildung seiner geistigen Fähigkeiten.«

Wenn heutzutage nur noch wenige Graupapageien ein so umfangreiches Vokabular wie ihre historischen Vorbilder beherrschen, so liegt das sicher nicht an den Vögeln, sondern an ihren menschlichen Betreuern, die in unserer schnellebigen Epoche nicht mehr genügend Zeit und Geduld aufbringen, um das von Brehm skizzierte Ausbildungsprogramm durchzuführen. Geduld und Ausdauer sind in der Tat die wichtigsten Vorbedingungen des Erfolgs. Man kann selbst vom gescheitesten und gelehrigsten Jako nicht erwarten, daß er schon nach ein paar Lektionen wie ein Alter daherredet. Graupapageien sind bedächtige und zudem sehr langlebige Tiere, die nichts zu überstürzen brauchen. Sie lassen sich von unserer Gehetztheit nicht anstecken und schon gar nicht durch Schimpfen und Prügel zum Reden zwingen. Im Gegenteil: Mit einer einzigen unbedachten Zwangsmaßnahme können wir unserem Zögling die Freude am Lernen für immer verleiden. Aber auch bei behutsamem Vorgehen dauert es oft viele Monate, bis der Schüler das erste Wort hervorbringt.

Manche lernen es freilich nie. Es sei nicht verschwiegen, daß selbst unter den sprechbegabten Graupapageien vereinzelt völlige Versager vorkommen, bei denen alle pädagogische Mühe umsonst ist. Darum habe ich oben den guten Rat gegeben, daß man, wenn man unbedingt einen Sprechvogel haben will, nach Möglichkeit einen bereits ausgebildeten Jako erstehen soll, ohne Rücksicht auf den Preis. Der zusätzliche Betrag, den man eventuell drauflegen muß, läßt sich leichter verschmerzen als die bittere Erkenntnis, daß man mit einem gänzlich unbegabten Vogel zusammenzuleben gezwungen ist, dessen einzige Lautäußerungen womöglich in einem ohrenbetäubenden Geschrei bestehen.

Es wäre nun falsch, wenn man die fehlende Sprachbegabung auf das weibliche Geschlecht des Vogels zurückführte. Das trifft gerade auf die Graupapageien nicht zu, denn nachweislich besteht in diesem Punkt praktisch kein Unterschied zwischen Männchen und Weibchen. Im übrigen weiß man sowieso nie ganz genau, ob man ein männliches oder weibliches Tier besitzt, weil die Geschlechter durchweg völlig gleich aussehen. Fachleute sind sogar der Meinung, daß in der Regel mehr Weibchen als Männchen aus Afrika importiert werden.

Das ist auch der Hauptgrund, warum die Zucht der Graupapageien ein so schwieriges Unterfangen ist. Um ein echtes Zuchtpaar zusammenzustellen, kann man ein kleines Vermögen ausgeben. Die Vögel sind aber nicht nur ausgesprochen mäkelig bei der Gattenwahl, sondern wünschen sich als eheliches Gemach möglichst eine geräumige Voliere, in der sie sich vielleicht erst nach mehreren Jahren zur Gründung einer Familie entschließen. Nichtsdestoweniger sind Graupapageien in den letzten Jahren wiederholt gezüchtet worden, von besessenen Idealisten und gewieften Experten. Wer weder Idealist noch Experte ist, kann alle Hoffnungen auf einen Zuchterfolg getrost begraben. Dabei wäre gerade bei dieser kostbaren und populären Papageienart die Etablierung zuverlässiger Zuchtstämme ein großes Verdienst, damit in Zukunft nicht mehr so viele Tiere aus Afrika ausgeführt werden müssen.

Die Kakadus

»Sie vereinigen die Zärtlichkeit der Katze, die Treue des Hundes und die Gelehrigkeit des Affen« – so anerkennend hat sich einmal ein bedeutender Vogelkenner über die Kakadus geäußert.

Was uns bei den Kakadus als erstes auffällt, ist ihr einschmeichelnder exotischer Name, mit dem sich ausgerechnet manche Nachtlokale zu schmücken pflegten. Den Grund dafür werden wir wissen, wenn wir dieses Kapitel zu Ende gelesen haben. Wie aber sind nun die Vögel zu ihrem Namen »Kakadu« oder »Cacatua«, wie sie auf lateinisch heißen, gekommen? Lange Zeit glaubte man, sie hätten ihn sich sozusagen selber gegeben, ähnlich wie der Name unseres Kuckucks vom typischen Kuckucksruf abgeleitet ist. Doch mit dieser irrigen Meinung hat schon ein Ornithologe des vorigen Jahrhunderts aufgeräumt. Er schreibt: »Von wildlebenden Vögeln wird das Wort ›Kakatua‹ niemals gehört, weil es erst den jung gefangenen beigebracht wird. Es ist malaiischen Ursprungs und bedeutet ›Alter Vater‹ (Kaka = Vater, tua = alt). Vögel, die es aussprechen, stammen also entweder aus malaiischen Ländern oder sind jung in die Hände von Malaien gelangt.«

Engagierte Kakaduliebhaber sind jederzeit bereit zu beschwören, daß es keinen reizenderen, drolligeren, anhänglicheren und anschmiegsameren gefiederten Hausfreund gibt als eben einen Kakadu, und sie würden das eingangs zitierte Expertenlob noch für stark untertrieben halten. In der Tat geht von diesen weichbefiederten, stämmigen und etwas rundlichen Papageienvögeln mit den aufrichtbaren Federschöpfen eine eigenartige Faszination aus, die sich zusammensetzt aus behäbiger Würde, gutmütiger Naivität und Zutraulichkeit. Das darf freilich nicht darüber hinwegtäuschen, daß die Kakadus von Haus aus sehr lebhafte Tiere sind, die im Klettern und Fliegen gleich gute Zensuren verdienen. Vor allem aber sind sie ungewöhnlich gesellig veranlagt, darum sind sie geradezu für den vom Menschen so geschätzten Familienanschluß prädestiniert.

Da Kakadus im allgemeinen einzeln gehalten werden und demnach die Gesellschaft ihrer Artgenossen entbehren müssen, benötigen sie besonders viel Ansprache, damit ihr angeborener Geselligkeitstrieb ständig ein Objekt findet. Der Mensch muß dem Vogel quasi einen ganzen Kakaduschwarm ersetzen; denn in ihrer fernöstlichen Heimat ziehen die Kakadus nahrungsuchend in großen Scharen umher. Sie halten sehr eng und fast liebevoll zusammen. Aus alledem lassen sich zwei Einsichten ableiten, eine negative und eine positive:

1. Wer seinem gefiederten Hausgenossen nicht sehr viel Zeit widmen kann, sollte auf die Anschaffung eines Kakadus lieber verzichten. Die Enttäuschung wäre sonst für den Menschen ebenso groß wie für das Tier. Denn der Vogel würde nie recht zahm werden und gäbe seiner Frustration durch seine markerschütternden Naturlaute Ausdruck, die selbst der Papageienfan Alfred Brehm als »abscheuliches Kreischen« bezeichnet und

die auch einen seelisch robusten Menschen über kurz oder lang in ein Nervenbündel zu verwandeln vermögen.
2. Für alleinstehende Menschen, die zudem viel daheim sind, kann ein Kakadu zum treuesten und unterhaltsamsten Partner werden. Unter solchen Umständen legt der Vogel meist sehr bald seine natürliche Scheu und seine störende Lärmfreudigkeit ab und schließt sich eng an seinen Pfleger an. Er wird vollkommen zahm, läßt sich bereitwillig die verschiedensten Kunststückchen beibringen und gibt sich sichtlich Mühe, sein menschliches Gegenüber durch gezieltes Wohlverhalten zu erfreuen. Nur mit dem »Sprechen« hat er es nicht so sehr, doch diese kleine Schwäche, sofern es überhaupt eine Schwäche ist, fällt bei einem so katzenzärtlichen, hundetreuen und affenschlauen Haustier kaum noch ins Gewicht.
Soviel also zu der Frage, wer sich einen Kakadu anschaffen soll und wer nicht. Leider ist jedoch die Kakaduhaltung nicht nur eine Frage des Wollens, sondern auch des Könnens. Das ist finanziell gemeint. Kakadus zählen zu den kostspieligsten Gefiederten auf dem Vogelmarkt. Außerdem muß man noch viel Geld für einen standesgemäßen Käfig aufwenden, der besonders geräumig und stabil zu sein hat. Kakadus sind nämlich erstens ziemlich große und zweitens sehr zerstörungsfreudige Vögel, die mit Holzbrettern, Kunststoffplatten, dünnem Blech oder feinerem Drahtgeflecht in kürzester Zeit fertig werden. Eine Gartenvoliere, die übrigens ein idealer Aufenthaltsort für die winterharten Kakadus ist, muß also ausschließlich aus festen Metallrahmen und verschweißtem starkem Drahtgeflecht bestehen. Ihre Kraft, Geschicklichkeit und Intelligenz beweisen die Vögel auch damit, daß sie sich mühelos von einfachen Fußketten zu befreien oder den ungesicherten Verschluß ihrer Käfigtür zu öffnen verstehen.
Ein Kakadu braucht, wie man sieht, ständig Beschäftigung für seinen kraftvollen Schnabel. Um seinen offenbar unausrottbaren Zerstörungsdrang in geordnete Bahnen zu lenken, reichen wir ihm deshalb regelmäßig frische Zweige, Holzstücke oder auch die festen Kauknochen aus Büffelhaut, die eigentlich für Hundezähne gedacht sind. Daß man beim Umgang mit einem noch unzahmen Kakadu seine Finger in acht nehmen muß, dürfte sich von selbst verstehen.

Ansonsten sind jedoch alle Kakadus genauso bescheidene Kostgänger wie die meisten anderen Papageien. Sie bekommen ein kräftiges, grobes Papageienfutter, das neben Hirse, Kanariensaat und Hafer verschiedene Nüsse, Sonnenblumenkerne, Hanf, Mais usw. enthält. Als Beilage eignen sich Beeren, Obst (Apfel- und Orangenschnitze werden besonders gern genommen), Mohrrüben und allerlei Grünzeug aus Garten, Feld und Wiese.

Empfehlenswerte Kakaduarten

Die Kakadus bilden innerhalb der großen Papageienfamilie eine gewichtige, in sich geschlossene Unterfamilie mit fünf Gattungen, die der Systematiker Hans von Boetticher in siebzehn einzelne Arten aufteilt. Von diesen siebzehn Arten interessieren uns hier nur fünf, die einigermaßen regelmäßig eingeführt oder gar bei uns gezüchtet werden. Die Zucht der Kakadus ist, nebenbei bemerkt, ein so rares und vertracktes Unterfangen, daß wir es getrost mit Stillschweigen übergehen können.

Den Anfang macht der stattliche Molukkenkakadu (Cacatua moluccensis; Farbtafel VII), der einen halben Meter lang wird und über ein entsprechend machtvolles Organ gebietet, das er jedoch im gezähmten Zustand erfreulicherweise nur selten oder nie benutzt. Trotz seiner imponierenden Größe ist er ein charmantes und anschmiegsames Wesen, das überdies ein beachtliches Sprach- und Imitationstalent besitzt. Darin scheint er allen Kakaduverwandten überlegen zu sein.

Doch häufiger sind in den Zoogeschäften zwei andere Arten anzutreffen, der ebenfalls fast 50 Zentimeter große Gelbhaubenkakadu (Cacatua galerita) und der sehr ähnliche Gelbwangenkakadu (Cacatua sulphurea), der wegen seiner geringeren Größe (ca. 35 Zentimeter) oft auch Kleiner Gelbhaubenkakadu heißt. Beide haben ein blütenweißes Grundgefieder, das nur in der Ohrgegend gelblich überhaucht ist, und eine prächtige schwefelgelbe Federhaube. An Gelehrigkeit und Menschenfreundlichkeit stehen sie dem Molukkenkakadu kaum nach, und wer sich seine Sporen als Kakaduhalter verdienen will, sollte möglichst mit dem Gelbwangenkakadu anfangen. Dieser Vogel braucht nicht soviel Platz, ist relativ preiswert, leicht zähmbar, nicht allzu

laut und dank der klaren, reinen Farbgebung seines Federkleids eine auffallende Schönheit.
Ebenso empfehlenswert, wenn auch ein gutes Stück teurer, ist der Rosakakadu (Cacatua roseicapilla). Er wird 35–37 cm groß, hat eine hellgraue Oberseite, eine rosarote Unterseite und Kopfpartie und eine zierliche weißliche Haube.
Vogelfreunden, die das Exklusive lieben und über eine dementsprechend dicke Brieftasche verfügen, sei der überaus dekorative, etwa 38 cm große Inkakakadu (Cacatua leadbeateri) ans Herz gelegt. Woher er seinen zungenbrecherischen Namen hat, ist unerfindlich. Mit den Inkas der Neuen Welt hat er jedenfalls nichts zu tun, denn er stammt wie seine sämtlichen Verwandten aus fernöstlichen Regionen, genauer: aus Australien. Vielleicht hat man bei seiner Taufe an den bunten Federschmuck der amerikanischen Rothäute gedacht: Der prachtvolle, rot-gelb quergebänderte Schopf des unterseits rosaroten und oberseits weißlichen Vogels hat tatsächlich einige Ähnlichkeit mit dem Kopfputz eines Indianerhäuptlings auf dem Kriegspfad. Doch das eher scheue und ängstliche Wesen des Inkakakadus straft sein martialisches Aussehen Lügen. Man braucht eine geraume Zeit, um diese schüchterne, sanfte und gleichwohl lautstarke Primadonna davon zu überzeugen, daß man es gut mit ihr meint. Wenn sie das einmal eingesehen hat, erweist sie sich als ein ebenso anhängliches und liebenswertes Geschöpf wie die übrigen Kakadus, die sich hier vorgestellt haben.

Papageienzwerge

Um zu dokumentieren, wie vielgestaltig die Welt der Krummschnäbel ist, möchte ich dieses Kapitel, gewissermaßen als lyrisches Intermezzo, den kleinsten Vertretern der Papageienfamilie widmen. Mancher Leser, der sich Papageien immer noch grundsätzlich als vergleichsweise große Vogelgestalten vorstellt und selbst den Wellensittich nicht recht für voll nehmen will, wird mit ungläubigem Staunen vernehmen, wie winzig Papageien zuweilen ausfallen können.
Die allerkleinsten dürfte er allerdings kaum jemals zu Gesicht bekommen, weder im Zoo noch gar in einem Liebhaberkäfig. Ich meine die in Neuguinea und Umgebung beheimateten

Spechtpapageichen, die nur 10 cm kurz sind, also nicht größer werden als unser Zaunkönig. Mit ihnen brauchen wir uns hier nicht weiter zu befassen, da ihr Freileben noch kaum erforscht ist und ihre Zukunft als Heimtiere vorerst noch in den Sternen steht.

Sperlingspapageichen

Ein wenig größer sind die mittel- und südamerikanischen Sperlingspapageichen geraten, die immerhin eine Länge von 12–14 Zentimeter erreichen. Sie tauchen ab und zu im Zoohandel auf und sind dem Papageienliebhaber, der zu Extremen neigt, durchaus zu empfehlen. Die Sperlingspapageichen zeichnen sich durch erstaunliche Härte und Anpassungsfähigkeit aus. Nur am Anfang muß man die frisch importierten Vögel mit einer gewissen Vorsicht behandeln, damit sie sich in unserem Klima keine Erkältung holen. Einmal eingewöhnt, erweisen sie sich als recht ausdauernd, und sie werden nach einiger Zeit auch mehr oder weniger zutraulich.

Wer unnötige Risiken ausschließen will, die bei Importen nun einmal unvermeidlich sind, sollte sich vergewissern, daß seine zukünftigen Hausgenossen bei uns in Europa das Licht der Welt erblickt haben. Solche »einheimischen« Sperlingspapageichen kennen keinerlei Akklimatisationsprobleme und werden auch rascher zahm, weil sie ganz jung verkauft werden.

Der besondere Vorzug dieser handfesten Vogelzwerge liegt darin, daß sie schon mit einem normalen Wellensittichbauer vorliebnehmen und spielend leicht zu beköstigen sind. Auf ihrem anspruchslosen Speisezettel steht ein Gemisch aus Hirse, Kanariensaat, Hafer und kleinen Sonnenblumenkernen. Kolbenhirse gilt als Delikatesse, und ein bißchen Grünzeug oder Obst sollte nicht fehlen.

Der eigentliche Reiz der Sperlingspapageichen besteht in ihrer Kleinheit und Zierlichkeit, nicht etwa in einem farbenprächtigen Federkleid. Bei allen Arten ist die Grundfarbe ein kräftiges Grün, das durch andersfarbige, meist blaue Abzeichen ein bißchen aufgelockert wird. Eine detaillierte Beschreibung kann ich mir schenken, da bereits aus ihren Namen hervorgeht, wie sie farblich beschaffen sind.

Am ehesten wird der Freund kleiner Vögel noch dem Grünen

oder Grünbürzeligen Sperlingspapagei (Forpus passerinus) und dem Blaubürzeligen Sperlingspapagei (Forpus cyanapygius) begegnen. Auch der Blaugenick- oder Blaunacken-Sperlingspapagei (Forpus coelestis), der in Anlehnung an seinen wissenschaftlichen Namen gelegentlich »Himmelspapagei« genannt wird, gehört zu den bekannteren Mitgliedern der Gattung.
Daneben gibt es noch einige weitere Arten, aber ihre Aufzählung würde die Verwirrung nur noch vergrößern. »Name ist Schall und Rauch« – das Goethe-Wort trifft auf diese Gattung, die Verwechslungen geradezu herausfordert, in besonderem Maße zu. Im Zoogeschäft werden die verschiedenen Arten ohnehin meist unter dem Sammelbegriff »Sperlingspapageichen« geführt, denn der Händler weiß die genauen Artnamen oft selber nicht. Dafür kennt er den Preis um so besser!

Fledermauspapageichen

Bei unserem kurzen Aufenthalt im Zwergenland lernen wir noch eine andere Papageiengattung kennen, die sich mit dem zärtlichen Diminutiv »Papageichen« schmücken darf. Schon der Name Fledermauspapageichen deutet auf eine spezifische Eigenart dieser Vögel hin. Doch überlassen wir die Beschreibung lieber Tiervater Brehm, auf den immer Verlaß ist, wenn es um die ebenso exakte wie anschauliche Schilderung papageiischen Verhaltens geht. Er hat schon vor mehr als einem Jahrhundert das Blaukrönchen (Loriculus galgulus), das auch heute noch die am häufigsten eingeführte Art der Fledermauspapageichen darstellt, liebevoll gepflegt und genau beobachtet.
»Zu meiner Freude«, so schreibt Brehm, »gelang es mir mehrmals, gefangene Blaukrönchen, sperlingsgroße Ziersittiche von den Sunda-Inseln, zu erwerben. Ein Pärchen habe ich jahrelang gepflegt. Sie sind allerliebste Geschöpfe, bekunden harmlose Zutunlichkeit, sind regsam und schwatzen singend oder singen schwatzend, ohne durch lautes, gellendes Geschrei oder Gekreisch abzustoßen. Das Merkwürdigste an ihnen ist ihre Schlafstellung. Um auszuruhen, verweilen sie bloß ausnahmsweise in der üblichen Stellung, nehmen vielmehr regelmäßig, beim Schlafen stets, die Lage der rastenden Fledermaus an, indem sie sich mit den Beinen an der Decke des Käfigs oder einem dürren Sitzzweig anklammern und nicht allein den Leib, sondern auch

den Kopf gerade herabhängen lassen, so daß der Rücken, der eingezogene Hals, der Scheitel und der Schnabel eine gerade Linie bilden, während der Schwanz, wohl um nicht anzustoßen, schief nach hinten und oben gerichtet und das Gefieder lässig gesträubt wird. Die schmucken Tierchen erhalten in dieser Lage ein gänzlich anderes Aussehen als sonst: sie erscheinen doppelt so dick als während des Sitzens, geradezu kugelig ...

In dieser Lage werden auch unbedeutende Geschäfte erledigt, beispielsweise die Federn ein wenig geordnet, ebenso einige Behaglichkeit ausdrückende Laute hergeplaudert, obschon das eine wie das andere regelmäßiger im Sitzen geschieht. Fühlt das Blaukrönchen das Bedürfnis, sich zu entleeren, so wird der Schwanz ein wenig mehr als sonst gestelzt, der Leib etwas gebogen und hierauf der meist in einem umhäuteten Klümpchen bestehende Unratballen gegen 30 cm weit weggeschleudert ...

Daß diese Zwergpapageien auch alle übrigen Stellungen, die Sittichen möglich sind, und zwar mit spielender Leichtigkeit annehmen, bedarf kaum besonderer Erwähnung: kopfoberst und kopfunterst gilt ihnen vollständig gleich. Die beschriebene Fledermausstellung ist jedoch diejenige, die man am häufigsten sieht, und sie ist so bezeichnend, daß ich vorschlagen würde, die Vögel ›Hänge- oder Fledermauspapageien‹ zu nennen, erschiene mir dieser Name ebenso ansprechend wie sie selber.«

Nun, in einem Punkt hat Brehm bekanntlich nicht recht behalten: Spätere Zoologen haben die Blaukrönchen tatsächlich zu den Fledermauspapageien gestellt, ohne Rücksicht auf die Bedenken des prominenten Vorgängers, der die aparten Vogelzwerge vor einem so wenig »ansprechenden« Namen bewahrt wissen wollte.

Brehms lebendiger Darstellung ist nur noch ein praktischer Hinweis hinzuzufügen: Er betrifft die Ernährung der Blaukrönchen und der anderen Fledermauspapageichen, die sehr vereinzelt angeboten werden. Ihr Speiseplan weicht nämlich vom gewohnten Schema ab und muß darum etwas ausführlicher beschrieben werden. Neuerworbene Tiere, bei denen es sich zumeist um importierte Wildvögel handelt (Nachzuchten sind hierzulande nur ausnahmsweise geglückt), sind ziemlich heikle Kostgänger und müssen mit großer Sorgfalt eingewöhnt werden. Sie halten nichts von dem üblichen simplen Körnergemisch, sondern verlangen vor allem süßes, reifes Obst, eingeweichten Zwieback und/ oder Eibiskuit, buntgemischtes Grünfutter, Rosinen, ja sogar Ameisenpuppen, die man mit zerkrümeltem Zwieback und hartgekochtem Eigelb zu einem Brei verrührt. Man kann ihnen auch eine hochwertige feine Weichfuttermischung vorsetzen, die in jedem Zoogeschäft gebrauchsfertig abgepackt zu kaufen ist. Dazu erhalten die verwöhnten Fledermauspapageichen verschiedene Sämereien (Hirse, Kanariensaat, Hafer usw.). Allmählich kann man dazu übergehen, die Tiere mehr oder weniger ausschließlich mit einer guten Körnermischung zu füttern. Aber diese Umstellung muß wirklich ganz allmählich erfolgen und darf nicht aus Gründen menschlicher Bequemlichkeit übermäßig forciert werden.

Papageienriesen: Die Aras

Die Papageien sind für Überraschungen immer gut, denn keine andere Vogelfamilie weist so große Gegensätze auf wie gerade unsere Krummschnabelsippschaft. Um das möglichst sinnfällig zu demonstrieren und den Leser durch ein abwechslungsreiches Kontrastprogramm zu erfreuen, lasse ich unmittelbar auf die Papageienzwerge des letzten Kapitels die Riesen unter den Krummschnäbeln folgen, von denen einige Arten fast zehnmal so groß werden wie das winzige Spechtpapageichen. Aber das Kontrastprogramm beschränkt sich nicht nur auf die eindrucksvollen Größenunterschiede: Auch die Farbenpracht des Gefieders ist bei den Papageienriesen mindestens zehnmal größer als bei ihren unscheinbaren kleinen Verwandten.

Aus Mittel- und Südamerika, zumal aus den ufernahen Urwaldregionen des südamerikanischen Subkontinents, kommen diese größten Papageien zu uns, die unter dem Sammelnamen Aras zusammengefaßt werden. Man kann sich kaum vorstellen, daß die begehrten Vögel, die bei uns höchst kostspielige Liebhaberobjekte sind, in ihrer tropischen Heimat zum Teil in großen Schwärmen umherziehen und manchmal sogar wegen der von ihnen angerichteten Flurschäden verfolgt werden, nicht viel anders als hierzulande die Krähen. Auf der anderen Seite hatten die Eingeborenen seit jeher ein recht ungezwungen-freundliches Verhältnis zu den Großpapageien, die in ihren Märchen und

Mythen eine große Rolle spielen. Schon bevor Kolumbus die Neue Welt entdeckte, hielten die Indios die herrlich bunten Aras wie Haustiere, die nach Aussage Forschungsreisender zu den verstreuten Urwaldsiedlungen gehörten »wie zu unseren Bauernhöfen die Hühner«. Die Vögel durften sich frei bewegen und auf ungestutzten Schwingen in der Umgebung umherschweifen. »Ich sah mehrere Aras«, so berichtet der deutsche Südamerikaforscher Sir Robert Hermann Schomburgk um die Mitte des vorigen Jahrhunderts, »die sich des Morgens unter die Flüge der wilden mischten, die über das Dorf hinwegflogen, und bei der Rückkehr am Abend sich wieder auf der Hütte ihres Herrn niederließen.«

Das ist ein schönes Zeugnis nicht nur für die natürliche Tierliebe sogenannter »primitiver« Menschen, sondern auch für die Anhänglichkeit und Standorttreue der Aravögel. Man kann diese Papageien in der Tat freifliegend halten – freilich nur dann, wenn man über einen quadratkilometergroßen Park verfügt! Allen anderen Arafreunden stehen leider nur bescheidenere Möglichkeiten der Haltung offen. Doch davon später.

Ich habe bis jetzt den Namen »Ara« ganz selbstverständlich benutzt, obwohl ich weiß, daß er keineswegs so selbstverständlich ist. Aber diejenigen Leser, welche in anderen Vogelbüchern die Form »Arara« gefunden haben, können sich beruhigen und brauchen nicht gleich einen Druckfehler zu reklamieren. Beide Namensformen stehen ungefähr gleichwertig nebeneinander und betreffen genau dasselbe, nämlich den wissenschaftlichen Gattungsbegriff Ara, der die Aras oder Araras umschließt und der seinerseits dem Naturlaut dieser Vögel nachgebildet ist. Wenn ich hier die Kurzform Ara beibehalte, so deshalb, weil sie sich mit dem wissenschaftlichen Namen deckt und weil ich nicht die vielen Rätselfreunde irritieren möchte, die es gewohnt sind, daß in jedem zweiten Kreuzworträtsel ein Papageienvogel namens Ara gesucht wird.

Daß so große Papageien ihren Namen nicht gerade mit Zimmerlautstärke sagen bzw. krächzen, wundert uns längst nicht mehr. Zum Glück stellen die Aras ihre natürlichen Lautäußerungen, die als sehr störend empfunden werden können, meist völlig ein, wenn sie einmal richtig zahm geworden sind. Die unerläßliche Zähmung stellt kein allzu großes Problem dar, da normalerweise nur jugendliche Vögel angeboten werden, die überdies bereits mehr oder weniger zahm zu uns nach Europa gelangen. Die zum Export bestimmten Vögel werden meist sehr jung eingefangen oder sogar schon aus dem Nest genommen und hochgepäppelt, bis sie »reisefähig« sind.

Solche menschengeprägten Vögel können sich sehr eng an ihren Besitzer anschließen und lassen sich trotz ihres wehrhaften Schnabels und ihrer kräftigen Krallen allerhand gefallen. Es sind erstaunlich gutmütige Riesen, doch ihre Gutmütigkeit erstreckt sich nicht automatisch auf alle Zweibeiner. Einen fremden Ara, so zahm und friedfertig er auch sein mag, sollte man ebensowenig anfassen oder gar necken wie einen fremden Hund. In beiden Fällen kann ein Unvorsichtiger üble Wunden davontragen. Mit einem Araschnabel ist wahrlich nicht zu spaßen!

Mit den Hunden haben die Aras auch jene inneren Regungen gemeinsam, die man vermenschlichend als Eifersucht bezeichnen könnte. Ein drastisches Beispiel solcher Ara-Eifersucht ging vor einiger Zeit durch die Boulevardpresse: Ein vermögender Playboy und stolzer Besitzer eines großen Aras hatte zwei junge Damen zu einem Schäferstündchen in sein Apartment eingeladen. Dem Papagei, der ausnahmsweise nicht angekettet war, mißfiel dieses Treiben sehr. Er stürzte sich wie ein rasender Othello auf eines der beiden Mädchen und richtete ihm das hübsche Gesicht mit Schnabelhieben so zu, daß eine kosmetische Operation erforderlich wurde!

Weniger gut entwickelt als die Eifersucht ist das Nachahmungs- und Sprachtalent der Aras. Für läppische Kunststückchen haben diese majestätisch wirkenden Vögel sowieso nicht viel übrig, und auch das Imitieren von Sprache und Geräuschen überlassen sie lieber ihren kleineren Verwandten. Das heißt natürlich nicht, daß man ihnen nicht mit etwas Geduld ein paar Brocken Deutsch beibringen könnte.

Doch Ausnahmen bestätigen auch hier die Regel. Der große Naturforscher Alexander von Humboldt erzählt in seinen Reiseberichten von einem hochbetagten Ara, den er am Orinoco kennenlernte und der sich überaus gesprächsfreudig zeigte. Doch berühmt wurde der Vogel dadurch, daß er als einziges Lebewesen noch den Dialekt eines unterdessen ausgestorbenen Indianerstamms beherrschte. Auch neuere Beispiele bezeugen, daß

diese Vögel in Einzelfällen zu verblüffenden Leistungen fähig sind. Ein Sprachgenie unter den Aras verfügte angeblich über ein Repertoire von mehr als 80 Wörtern.
Wie dem auch sei: Im allgemeinen werden Aras bei uns nicht als »Sprechvögel« gehalten, sondern als lebendige Schmuckstücke für Haus und Garten. Sie sind ohne Zweifel die dekorativsten Ziervögel, die wir kennen, farbenprächtig und kostbar wie tropische Orchideen und von schlanker, eleganter Gestalt, die den Kenner begeistert und den Nichtkenner beeindruckt.

Die Arten

Von den 15 Arten, die der Gattung Ara zugerechnet werden, sollen uns hier nur die häufiger eingeführten beschäftigen. Die übrigen wird auch der Spezialist kaum jemals zu Gesicht bekommen. Obwohl alle Aras in Habitus und Verhalten einander sehr ähnlich sind, lassen sich die einzelnen Arten verhältnismäßig leicht unterscheiden, weil sie sehr abwechslungsreich und mit besonders kräftigen Farben geschmückt sind. Sämtlichen Vertretern der Gattung Ara ist ein charakteristisches Merkmal gemeinsam: Nicht nur die nähere Umgebung der Augen, sondern auch die Kopfseiten sind ganz oder teilweise unbefiedert. Damit nicht der Eindruck unschicklicher Nacktheit entsteht, hat die Natur diese Stellen mit Farben und Streifen hübsch übermalt. Es gibt übrigens kaum ausdrucksvollere Papageienköpfe als die der großen Aras, die sich für fotografische Porträtstudien förmlich anbieten. Nahaufnahmen im Profil oder Halbprofil gelingen fast immer, weil ein wohlerzogener Ara so schön stillhält und von Natur aus gar nicht anders kann, als ein ungeheuer weises und abgeklärtes Gesicht zu machen.

Unsere Porträtgalerie eröffnet der 80–90 cm lange Hellrote Ara (Ara macao; Farbtafel VIII), den man besser mit seinem Alternativnamen Arakanga nennen sollte, weil die Farbbezeichnung »Hellrot« einen falschen Eindruck von dem satten Scharlachrot vermittelt, das in seinem Gefieder vorherrscht. Ebenso saftig wie die Farben sind die Preise!
Neben dem Hellroten existiert ein ebenso großer Dunkelroter Ara (Ara chloroptera), der sich ungeachtet seines Namens in den rote Gefiederpartien nur unwesentlich vom Erstgenannten unter-

scheidet. Deswegen ist auch hier der zweite Name – Grünflügelara –, den man klugerweise dem Vogel gegeben hat, dem ersten vorzuziehen. Der Grünflügelara hat auffallend grüne Schultern und Flügeldecken und ist ansonsten vorwiegend rot und blau gefärbt. Vom Hellroten Ara oder Arakanga, dem er auf den ersten Blick sehr ähnelt, unterscheidet er sich vor allem durch das Fehlen des großen gelben Rückenflecks.

Als besonders gelehrig gilt der mächtige, bis zu 95 cm große Gelbbrustara (Ara ararauna), der auch Blaugelber Ara oder Ararauna heißt. Wie der Name sagt, ist der Vogel vornehmlich gelb und blau gefärbt. Leuchtend gelb sind die Halsseiten, die Brust und der Bauch, kräftig blau die gesamte Oberseite und der Schwanz. Trotz ihrer imposanten Erscheinung sind die Gelbbrustaras ungemein liebenswürdige, ja liebebedürftige Vögel, die unablässig die Nähe ihres Pflegers suchen und ganz traurig werden, wenn sie allein bleiben müssen. Ihre Anhänglichkeit kann zuweilen in Aufdringlichkeit ausarten.

Weniger farbenfroh ist der wesentlich kleinere Soldatenara (Ara militaris), der höchstens 65 cm lang wird. Seine Hauptfarbe ist ein trübes Grasgrün. Die Stirn zeigt ein schönes Rot, und das übrige Federkleid ist mit blauen und rostroten Farben durchsetzt. Der Soldatenara in seinem schlichten Tarnanzug, dem er wohl seinen militärischen Namen verdankt, ist keine auffallende Schönheit, aber da er neuerdings wieder häufiger angeboten wird, durfte er nicht ganz übergangen werden. Beim Studium von verlockenden Händlerangeboten ist übrigens Vorsicht geboten: Es gibt neben dem »normalen« Soldatenara auch noch einen Großen Soldatenara (Ara ambigua), der etwa 20 cm größer ausfällt und sich von der kleineren Art durch sein gelbliches Grün abhebt.

Für alle Papageienfreunde, die sich an die bisher aufgeführten großwüchsigen Aras nicht recht herantrauen, ist ein Zwergara (Ara severa) im Handel, auch Rotbugara genannt. Er ist im doppelten Sinn eine halbe Portion, denn er wird nur gut halb so groß wie die Riesen, nämlich ca. 50 cm, und kostet meist auch nur die Hälfte. Sein nicht sonderlich attraktives Gefieder ist überwiegend grasgrün gefärbt. Die schmale Stirn, die Wangen, das Kinn und der Schwanz sind rotbraun, die Handschwingen und die Schwanzspitze blau. Aber lieb, anhänglich, klug und somit empfehlenswert sind die Zwergaras dennoch.

Zum Schluß sei noch ein Ara vorgestellt, der zwar Ara heißt, aber eigentlich keiner ist. Ich meine den prachtvollen Großen Hyazinthara (Anodorhynchus hyacinthinus). Wie man an seinem wissenschaftlichen Namen erkennt, gehört er nicht zu der uns mittlerweile vertrauten Gattung Ara, sondern zu einer nahverwandten Gattung, die auf deutsch Blauaras heißt und sich von den anderen durch die befiederten Wangen unterscheidet.
Der Große Hyazinthara ist mit seiner Gesamtlänge von fast 1 m der größte aller Papageien der Welt. Daß er noch ein bißchen teurer ist als die übrigen Aras, versteht sich von selbst bei einem solchen Prachtkerl, der vom Schnabel bis zum Schwanz in herrlich abgestuftem Kobaltblau schimmert. Dieser begehrte und ziemlich regelmäßig aus Brasilien eingeführte Riesenvogel hat ein erstaunlich sanftes Naturell und wird sehr zutraulich und anhänglich, allerdings meist nur seinem Besitzer gegenüber. Fremden, die sich ihm bewundernd nähern, beweist er gerne, wie eifersüchtig er sein kann, und einen Menschenfinger glatt durchzubeißen ist für seinen kraftvollen Krummschnabel ein Kinderspiel!

Arahaltung

Aras brauchen, ihrer Körpergröße entsprechend, viel Platz, aber auch nicht wieder so viel, daß ihre Haltung dem durchschnittlichen Papageienfreund verwehrt wäre.
Ein neuerworbener Vogel, der noch nicht sein Zahmheitsmaximum erreicht hat, gehört auf jeden Fall in einen möglichst geräumigen und sehr stabilen Ganzmetallkäfig, der mit dicken Sitzstangen aus hartem Holz ausgestattet wird. Der ebenso starke wie nagefreudige Schnabel wird allerdings über kurz oder lang auch mit dem dicksten und härtesten Holz fertig, so daß die Stangen nach einiger Zeit erneuert werden müssen. Damit sich der Käfiginsasse nicht ausschließlich mit seinen Sitzgelegenheiten beschäftigt, geben wir ihm zusätzlich frische Aststücke zum Spielen und Zerbeißen. Die intelligenten Tiere brauchen diese eher spielerisch als destruktiv gemeinte Schnabelbetätigung, um körperlich und seelisch fit zu bleiben. Langeweile führt bekanntlich zu Frustrationen, die sich bei den Aras in hemmungsloser Zerstörungslust, lautstarkem Geschrei oder auch in deprimierender Apathie äußern. Dies wiederum führt

bei den betroffenen Menschen zu der verspäteten Einsicht, daß es doch keine so gute Idee war, einen Ara anzuschaffen. Den armen verhaltensgestörten Vogel trifft keine Schuld, wohl aber den Menschen, der nicht genügend bedacht hat, daß auch für Papageien, und erst recht für die tatendurstigen und anlehnungsbedürftigen Aras, das alte Sprichwort gilt: »Müßiggang ist aller Laster Anfang.«

Sobald unser Ara hinlänglich zahm und zutraulich geworden ist, können wir ihm einen Kletterbaum oder Ständer (siehe Seite 95ff.) als zweiten Wohnsitz anbieten. Er wird ihn mit Dank annehmen, denn Aras sind sehr kletterfreudige Baumbewohner, die auch im Freileben nur höchst ungern auf die Erde herabkommen, wo sie sich nur ungeschickt fortbewegen können. Die Kletterlust im Verein mit dem Horror vor dem ebenen Boden fesselt den Ara gleichsam mit magischer Kraft an seinen Baum oder Ständer, aber auf diese magischen Bande allein ist kein absoluter Verlaß. Zumindest am Anfang sollten wir unserem Hausgenossen eine feste Kette (mit doppeltem Wirbel) anlegen, bis wir seine Gewohnheiten genauer kennen. Auch wenn er nicht mehr ständig eine solche Fessel zu tragen braucht, die uns Menschen wahrscheinlich noch mehr stört als den Vogel, dürfen wir ihn nie längere Zeit ohne Aufsicht lassen. Es wäre schade um die Wohnungseinrichtung!

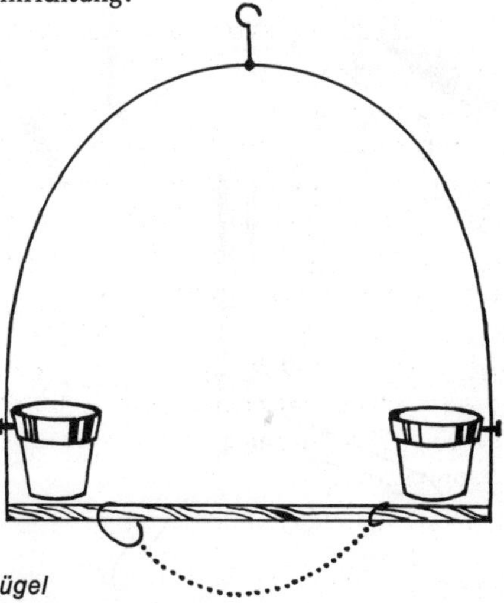

Papageienbügel

Zeitweilig kann sich ein zahmer Ara auch auf einem sogenannten Papageienbügel tummeln, wie wir ihn aus jedem Zoo kennen, wo die großen Krummschnäbel oft reihenweise auf solchen Vorrichtungen zur Schau gestellt werden. Einen einfachen Bügel kann man mitsamt dem Vogel irgendwo im Garten an einem Ast oder einer Teppichstange aufhängen. Natürlich muß der Ara während seines Aufenthalts im Freien angekettet werden, denn

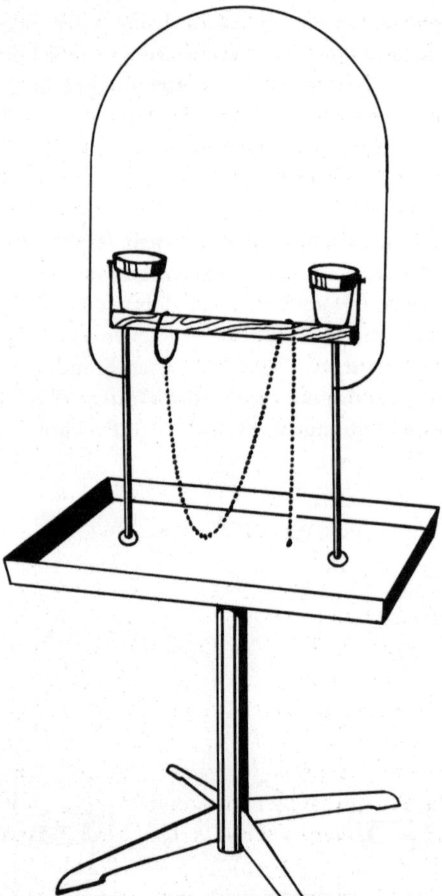

Papageientisch

seine angeborene Standorttreue reicht als Sicherheit nicht aus. Bei Luxusausführungen ist der Bügel mit einem Tisch kombiniert, der die Ausscheidungen und Futterabfälle auffängt. Derartige Papageientische sind sowohl innerhalb als auch außerhalb des Hauses verwendbar. Sie haben sich als so praktisch erwiesen, daß der höhere Preis uns nicht abschrecken sollte.
So aufwendig die zweckmäßige Unterbringung der Aras ist, so unproblematisch ist ihre Ernährung. Eine Fertigmischung für Großpapageien, wie sie in jedem Fachgeschäft erhältlich ist, bildet das Standardmenü. Es setzt sich zusammen aus Sonnenblumenkernen, Nüssen, Buchweizen, Hafer, Mais, Hanf und Kanariensaat. Aus diesen Bestandteilen kann ein ökonomisch denkender Papageienhalter das Futtergemisch auch selber zusammenstellen. Das kommt billiger und schmeckt genauso gut. Allerdings sollte man die Eigenmischung regelmäßig mit Vitaminen und Mineralstoffen anreichern, die dem fabrikmäßig abgepackten Futter meist schon zugesetzt sind. Beilagen in Form von reifem Obst, Mohrrüben, Maiskolben und allerlei Grünzeug sollten niemals fehlen. Auch Zwieback und trockenes Weißbrot werden gern genommen. Überbrausen wir unseren gefiederten Hausgenossen dann noch täglich einmal mit der Blumenspritze, fehlt ihm nichts mehr zum Glücklichsein.

Die friedlichen Amazonen

Mit den kriegerischen Amazonen der griechischen Mythologie haben die gleichnamigen Papageienvögel sicherlich nichts zu tun, sehr viel dagegen mit dem Amazonas-Strom, in dessen näherer und fernerer Umgebung sie hausen. Die Urwälder am Amazonas sind ihr bevorzugter Lebensraum, aber auch im übrigen Süd- und Mittelamerika sowie auf den umliegenden tropischen Inseln kommen sie vor. Das ist nicht weiter verwunderlich, denn ihre Gattung, die wissenschaftlich Amazona heißt, umfaßt nach Hans von Boetticher 26 verschiedene Arten mit zahlreichen Unterarten oder Rassen.
Das Wörtchen »verschieden« ist indes eine gelinde Übertreibung. Die Amazonen, allesamt untersetzte, kurzschwänzige und etwa taubengroße Vögel, gleichen einander so sehr, daß nur ein

Spezialist die einzelnen Arten auseinanderzuhalten vermag. Und selbst der muß in manchen Fällen dreimal hinschauen!

Mit dürren Worten läßt sich jedenfalls ihr Aussehen kaum zutreffend beschreiben. Auch das beste Farbfoto ermöglicht nicht immer eine einwandfreie Identifizierung, wie ich aus Erfahrung weiß. Es ist nun einmal so, daß sich die Tiere nicht nach einer schematischen Artbeschreibung oder einem zufälligen Foto richten, sondern in ihren arttypischen Merkmalen eine gewisse individuelle Bandbreite aufweisen. Bei dem einen Vogel ist zum Beispiel das gelbe Stirnband ein bißchen breiter oder schmaler ausgebildet als bei seinem vermeintlichen Artgenossen, und schon ist man sich nicht mehr hundertprozentig sicher, ob die beiden Exemplare tatsächlich noch zur selben Art gehören. Ganz abgesehen davon, daß zwischen Jung- und Alttieren, zwischen Männchen und Weibchen sowie innerhalb der Rassenkreise geringfügige Färbungsunterschiede auftreten, die eine eindeutige Bestimmung zusätzlich komplizieren.

Soviel steht immerhin fest: Die Grundfarbe aller Amazonen ist ein kräftiges Grün – jenes Smaragdgrün, das man zuweilen als »Papageiengrün« bezeichnet. In älteren ornithologischen Werken findet man deshalb vielfach noch den Namen Grünpapageien für diese Papageiengattung. Des weiteren läßt sich über das Federkleid der Amazonen allgemein sagen, daß es durchweg etwas schlichter in der Farbgebung und gröber in seiner Struktur wirkt als das adrette Gefieder der meisten anderen Papageien.

Es wäre nach alledem ein aussichtsloses Unterfangen, sämtliche Arten und Unterarten im einzelnen zu charakterisieren, aber ich möchte doch wenigstens die wichtigsten und gängigsten nennen, die der interessierte Vogelfreund in seiner Zoohandlung am ehesten antrifft.

Die deskriptiven Namen, die man vernünftigerweise den Amazonen gegeben hat, deuten zumindest ungefähr an, wie die jeweilige Art aussieht und auf welche Abzeichen man besonders zu achten hat.

Hier nun die kleine Auswahl der häufiger gehandelten und zugleich besonders empfehlenswerten Amazonenarten: Gelbscheitel- oder Gelbkopfamazone (Amazona ochrocephala; Farbtafel V), deren beliebteste Rasse unter dem Namen »Surinamamazone« geführt wird; Blaustirn- oder Rotbugamazone (A.

aestiva); Blaubartamazone (A. festiva); Grünwangenamazone (A. viridigenalis); Weißkopf- oder Kubaamazone (A. leucocephala); Gelbflügelamazone (A. barbadensis), die manchmal auch Kleiner Gelbkopf, Gelbschulteramazone oder Sonnenpapagei genannt wird.

Ich glaube, das reicht. Wie man sieht, gehen die Namen, die jeweils ein artspezifisches Kennzeichen zu erfassen versuchen, ziemlich wild durcheinander, und es kommt sogar vor, daß zwei verschiedene Arten denselben deutschen Namen tragen. Nicht einmal die Fachleute sind sich über die Benennungen völlig einig, und wenn ich die Angebotslisten, die mir in letzter Zeit ins Haus geflattert sind, miteinander vergleiche, werde ich den Verdacht nicht los, daß manche Händler gerade auf dem Gebiet der Amazonennamen sehr viel eigenschöpferische Initiative entfalten. Wer will es ihnen verdenken bei der Vielzahl der Arten und Rassen, die sich oft zum Verwechseln ähnlich sehen und zudem in ihrem Verhalten vollkommen übereinstimmen. Im übrigen ist es für den potentiellen Amazonenhalter auch ziemlich gleichgültig, für welche Art er sich entscheidet: auf Farbwunder oder strahlende Schönheit braucht er sowieso nicht zu hoffen.

Dennoch zählen die Amazonen seit vielen Jahrzehnten zu den populärsten Heimvögeln. Dieses scheinbare Paradoxon läßt sich am leichtesten mit einem Vergleich erklären: Amazonen sind wie Frauen, die nicht um ihrer äußeren Schönheit und Eleganz willen geliebt werden, sondern wegen ihres sympathischen Wesens, ihrer Klugheit und Treue. Kurzum, bei den Amazonen kommt es mehr auf die reichlich vorhandenen inneren Werte an!

Nach sorgfältiger Eingewöhnung – die allermeisten Amazonen kommen als teils scheue, teils ungebärdige Wildfänge zu uns – und sachgemäßer Zähmung werden sie bald sehr zutraulich und anhänglich. Sie zeigen sich dann von ihrer besten Seite: Sie beißen (fast) nie und sind stets lieb und gut gelaunt. Auch ihr Geschrei, das sie in der Eingewöhnungsphase zu unserem Leidwesen häufig ertönen lassen, verstummt weitgehend, sobald sich die anfängliche Furcht gelegt hat, und wenn man sich ausgiebig mit ihnen beschäftigt. Die kreischenden Naturlaute werden durch ein angenehmes Schwatzen ersetzt, in das sich womöglich bald auch die ersten »menschlichen« Laute mischen. Amazonen sind sehr sprechbegabt und außerdem im Vergleich mit den meisten anderen Krummschnäbeln ausgesprochen musikalisch. Sie produzieren sich ebenso gern als Sprecher wie als Sänger und Flötisten. Es ist keine Seltenheit, daß eine begabte Amazone (es gibt, wie überall, auch hoffnungslos unbegabte) in kürzester Zeit ein einfaches Volksliedchen nachzusingen oder nachzupfeifen lernt, allerdings stets mit stark papageiischem Akzent.

Haltung

Die Haltung dieser Spaßvögel ist denkbar einfach. Ein solider großer Papageienkäfig dient ihnen als Dauerwohnsitz. Daneben lohnt sich die Anschaffung oder Anfertigung eines Ständers, der sehr beliebt ist. Bei zahmen Tieren erübrigt sich sogar die Kette, nicht aber die Aufsicht.

Auf dem Speisezettel der Amazonen aller Arten und Rassen stehen neben den üblichen Körnern und Nüssen sehr viel reife, süße Früchte und Beeren sowie frische Zweige, möglichst mit saftigen Knospen und Trieben, die als Delikatesse geschätzt sind.

Kunterbunte Sittichwelt

Nachdem wir uns bisher bei der Präsentation der Papageienarten an das wissenschaftliche System der Unterfamilien und Gattungen gehalten haben, setzen wir uns nunmehr über die verwandtschaftlichen Bindungen hinweg, die dem System zugrunde liegen. Doch ich meine, diese Kühnheit läßt sich rechtfertigen; denn erstens ist dies ja kein Buch für zünftige Systematiker, sondern für vogelfreundliche Amateure mit vorwiegend praktischem Interesse, und zweitens würde eine sklavische »Systemtreue« einen solchen Nomenklaturaufwand bedingen, daß der verwirrte Leser die Lust verlieren könnte. Dies wäre schade angesichts der vielen herrlichen Vögel, die in diesem Kapitel endlich zum Zuge kommen werden. Eines muß ich gleich vorweg sagen: Daß die Sittiche (mit Ausnahme der aus gutem Grund vorangestellten Wellen- und Nymphensittiche) erst so spät an der Reihe sind, darf keinesfalls als ein Indiz für ihre untergeordnete Bedeutung mißverstanden werden. Im Gegenteil, verschiedene Sittícharten erfreuen sich wegen ihrer Anmut und Anspruchslosigkeit seit Jahrzehnten stetiger Beliebtheit.

Einige sind sogar zu Stars im Heimtierparadies aufgestiegen, die manchem bereits besprochenen Krummschnabel den Rang streitig machen können.

Unter Sittichen verstehen wir hier die langschwänzigen Papageienvögel, die von den Tierhändlern so genannt werden und die auch in ihrem deutschen Namen das Wort Sittich tragen. Diese Definition besitzt, wie wir wissen, keinen großen wissenschaftlichen Wert, hat sich jedoch in der Praxis längst bewährt. Was ein Sittich genau ist, läßt sich demnach nicht anhand einheitlicher Merkmale festlegen, wenn man einmal von dem vagen Begriff der Langschwänzigkeit absieht, der bekanntlich auch kein verläßliches Kriterium ist. Der Streit um die Schwanzlänge der Papageien ist ein Streit um des Kaisers Bart. Die Aras beispielsweise, die ausgesprochen lange Schwänze haben, rechnet man nicht zu den Sittichen, sondern zu den Papageien, während mancher Krummschnabel mit weit kürzerer Federzier als Sittich gilt.

Es hilft also nichts – wir müssen in diesem kunterbunten Sammelkapitel die Gattungen und Arten durcheinanderwürfeln und gewaltige geographische Räume durcheilen. Sittiche sind überall auf der Welt verbreitet, wo Papageien überhaupt gedeihen, in Afrika wie in Amerika, in Asien wie in Australien. Doch um wenigstens ein bißchen Ordnung in das Sittichsammelsurium zu bringen, wollen wir den Atlantischen Ozean als »Scheidewasser« zwischen den großräumigen Verbreitungsgebieten verwenden.

Sittiche aus der Neuen Welt

In Südamerika, der Heimat der Aras und Amazonen und vieler anderer Wundervögel, sind auch die Keilschwanzsittiche der Gattung Aratinga zu Hause, die so heißen, weil ihr Schwanz aus verschieden langen (stufigen) und zugespitzten Federn besteht und so ein unverkennbar keilförmiges Aussehen erhält.

Die Keilschwänze sind – wie übrigens die meisten größeren Sittiche, die in diesem Kapitel behandelt werden – ziemlich ungestüme, laute Burschen, untereinander gesellig, aber artfremden Papageien gegenüber mißtrauisch bis bösartig. Aufs Fliegen, Klettern und Zerstören aller zerbeißbaren Gegenstände verstehen sie sich gleich gut. Dafür sind sie aber recht unempfindlich und relativ preiswert.

Der bekannteste Keilschwanz ist wohl der 30 cm große Jendajasittich (Aratinga solstitialis jendaya), eine Rasse des sehr raren und teuren Sonnensittichs (Aratinga solstitialis). Er, der Jendajasittich, hat ein grünes, blau durchsetztes Rücken-, Flügel- und Schwanzgefieder, einen gelben Kopf mit orangefarbenem Einschlag und häufig orangerote Brust-, Bauch- und Bürzelfedern. Zweifellos ein bildschöner Papagei, der aber leider den vorzüglichen äußeren Eindruck vielfach durch sein mißtönendes Geschrei wieder verdirbt.

Beim Goldstirnsittich (Aratinga aurea) ist es eher umgekehrt: Der 28 cm lange Vogel mit dem schlichten grünen Gewand und dem namengebenden goldgelben Stirnfleck macht äußerlich nicht viel her, hat aber dafür ein sympathisches, ruhiges Naturell und lernt sogar ein bißchen reden, singen und pfeifen. Für den Anfänger unter den Keilschwanzsittichhaltern ist er geeignet.

Recht viel Gutes kann man über zwei weitere Arten sagen, die mit 25 cm etwas kleiner bleiben als die vorigen. Der Elfenbeinsittich (Aratinga canicularis) trägt seinen aparten Namen aus Gründen, die mir gänzlich unerfindlich sind, denn elfenbeinfarben ist an diesem unscheinbaren, überwiegend grün gefärbten Vogel allenfalls der Schnabel. Ein grünes Grundgefieder hat auch der Kaktussittich (Aratinga cactorum). Bei ihm sind Kopf und Kehle bräunlich, Brust und Bauch blaß orangegelb.

Regelrecht aus der Art bzw. Gattung geschlagen ist der Goldsittich (Aratinga quarouba), der die stattliche Größe von 36 bis 38 cm erreicht und auf dem Vogelmarkt auch entsprechend stattliche Preise erzielt. In seiner nordostbrasilianischen Heimat wird er von den Urwaldbewohnern gern als »Wachhund« abgerichtet. Der temperamentvolle Vogel beobachtet seine Umgebung ganz genau, und sobald sich etwas Verdächtiges tut, schlägt er Krach. Für das Krachschlagen, das bei uns weniger gefragt ist, entschädigt er durch ein prachtvolles goldgelbes Gefieder, das nur an den Flügelenden ein bißchen Grün aufweist.

Neben den tonangebenden Keilschwänzen hat uns die Neue Welt noch manche Sittichattraktion zu bieten, die für den Papageienfreund in Betracht kommt. Aus der Fülle der Möglichkeiten greife ich nur noch drei Arten heraus; sie sollen stellvertretend für die Ungenannten stehen, die ein Kenner vermissen könnte.

Das Trio wird angeführt von Nandaysittich (Nandayus nenday), der den vorgenannten Keilschwanzsittichen sehr nahesteht, was er sowohl in seiner äußeren Erscheinung als auch in seinem Verhalten zu erkennen gibt. Der 30–32 cm große Vogel trägt zum grünblau verwaschenen Overall ein auffallend orangerotes Schenkelband und eine scharf abgesetzte braunschwarze Kopfmaske. Nandaysittiche können recht laut sein, doch das machen sie durch ihren gedrosselten Zerstörungstrieb und ihr possierliches Benehmen einigermaßen wieder gut.

Hübscher und interessanter ist der 28–30 cm lange Mönchssittich (Myiopsitta monachus), der ziemlich regelmäßig und zu sehr günstigen Preisen im Handel ist. Er hat eigentlich nur einen Fehler: Selbst im zahmen oder halbzahmen Zustand bleibt er ein arger Schreier, der seinem frommen Namen wenig Ehre macht. Diesen Namen verdankt er wohl seinem schlichten Federkleid, das man mit einiger Phantasie mit einer Mönchskutte vergleichen kann. Oberkopf, Kopfseiten und Brust sind hellgrau, das restliche Gefieder ist überwiegend grün, und zwar oben dunkler als unten.

Das Interessante an den Mönchssittichen ist jedoch ihr Nistverhalten, das sie von allen anderen Papageien unterscheidet. Sie sind nämlich keine Höhlenbrüter, sondern Koloniebrüter, die ansehnliche freistehende Nester errichten. Leider kann man ihre ungewöhnlichen architektonischen Leistungen nur dann richtig beobachten, wenn man mindestens zwei oder drei Paare in einer größeren Voliere zusammenhält. Die Verträglichkeit der Paare, ansonsten in Papageienkreisen ein seltenes Phänomen, gehört zum arteigenen Verhaltensrepertoire der koloniebildenden Mönchssittiche.

Die Vögel bauen mit vereinten Kräften aus Zweigen ein großes kugeliges Gemeinschaftsnest mit einem einzigen Eingang und mehreren Brutkammern, die zum Schluß mit Grashalmen oder ähnlichem Material weich ausgepolstert werden. So ein Nestbau kann einen Durchmesser von einigen Metern haben.

Allen Hobby-Verhaltensforschern können die baulustigen und zuchtfreudigen Mönchssittiche empfohlen werden, zumal die niedrigen Preise die Anschaffung einer Brutkolonie gestatten.

Der dritte im Bunde ist der anmutige, zierliche Kanarienflügelsittich (Brotogeris versicolorus), die am häufigsten angebotene

Rasse des Weißgeflügelsittichs. Der nur 22 cm große Vogel ist hell grasgrün gefärbt und hat auffällige »kanariengelbe« Armdecken. Kanarienflügelsittiche sind recht preiswert und werden, jung gekauft, rascher zahm und zutraulicher als die meisten Sittícharten. Aber einen kleinen Fehler haben die Musterknaben doch: Sie verfügen über eine ungemein laute, durchdringende Stimme, auf die sie offenbar so stolz sind, daß sie diese auch im gezähmten Zustand gern erschallen lassen.

Altweltliche und australische Sittiche

Auf dem Weg von Amerika zum Sittichparadies Australien müssen wir kurz Station in Afrika und Asien machen, wo nur wenige, aber besonders kostbare Sittiche zu Hause sind. Sie alle gehören zu einer einzigen Gattung (Psittacula), die auf deutsch »Edelsittiche« heißt – ein Name, der verpflichtet! Es ist ein traditionsreiches Papageiengeschlecht, ausgezeichnet durch den Adel seiner Erscheinung und seines herrischen Wesens, was eine schmeichelhafte Umschreibung für den oft ungebärdigen und unbeugsamen Charakter dieser Vögel ist. Man muß die Tiere schon sehr jung bekommen, wenn man aus ihnen manierliche, zahme Hausgenossen machen will.

Was es mit der Tradition auf sich hat, verrät der Name der ersten Art, die ich hier vorstelle: Großer Alexandersittich (Psittacula eupatria). Der Name bezieht sich auf Alexander den Großen, der diese herrlichen Sittiche vor mehr als 2000 Jahren in Indien entdeckte und ins Abendland einführte. Der gut 45 cm lange Vogel trägt ein vorwiegend grünes Gewand, das durch schwarze Wangensäume, ein rötliches Nackenband und einen großen rotbraunen Schulterfleck aufgelockert wird. Beim unscheinbaren Weibchen fehlen diese markanten Abzeichen oder sind blasser ausgebildet.

Fast noch schöner ist der sonst sehr ähnliche Kleine Alexandersittich (Psittacula krameri), der 40–42 cm lang wird. Er heißt oft auch Halsbandsittich, weil er zum grünen Kleid ein elegant geschwungenes schwarz-rotes Halsband angelegt hat; das gilt allerdings nur für die männlichen Tiere. Rassen des Halsbandsittichs gibt es sowohl in Asien als auch in Afrika, doch die bei uns eingeführten Exemplare stammen in der Regel aus Fernost.

Wenn ich die Wahl hätte, würde ich mich indes für einen Edelsittich mit dem wenig ansprechenden Namen Pflaumenkopfsittich (Psittacula cyanocephala) entscheiden, einen wunderschönen Vogel, der so aussieht, als hätte er vor lauter Verlegenheit über dieses Kompliment einen puterroten Kopf bekommen. Er ist mit 35 cm der kleinste Vertreter der hier genannten Edelsittiche und wohl auch der preisgünstigste. Vor allen Dingen gebärdet er sich nicht so ungestüm und laut wie seine größeren Gattungsgenossen. Darüber hinaus läßt er sich gern ein paar Wörter beibringen und vergleichsweise leicht züchten, sogar in einem geräumigen Käfig.

In der australischen Region, in der wir nun einkehren, leben die buntesten und in mancher Hinsicht empfehlenswertesten Sittiche, selbst wenn man von den Spitzenkandidaten Wellen- und Nymphensittich absieht. Auf diese Australier möchte ich darum das besondere Augenmerk des Sittichliebhabers lenken. Er braucht sich in seinem Zoogeschäft nur einmal die herrlichen Rosellas anzuschauen, um meine Begeisterung spontan zu teilen. Besagte Rosellasittiche bilden eine Gattung innerhalb der großen Gruppe der Plattschweifsittiche, die diesen Namen von ihrem breiten, fast gerade abgeschnittenen Schwanz haben. Der anerkannte Star der Gattung ist der Prachtrosella (Platycercus eximius ceciliae), eine Rasse des einfachen Rosellas (Platycercus eximius). Der Star macht sich allerdings ziemlich rar, obgleich oder gerade weil er hierzulande regelmäßig nachgezüchtet wird. Diese scheinbar widersprüchliche Aussage ist so zu verstehen: Es sind zwar genügend Prachtrosellas zu erschwinglichen Preisen im Handel, aber mit ihrer Pracht ist es oft nicht weit her, da bei der übermäßig betriebenen Mischlingszucht kaum noch rassereine Tiere herauskommen. Den »echten« und somit selten gewordenen Prachtrosella erkennt man insbesondere an seiner reingelben Unterseite und ebensolchen Rückenfedersäumen. Im übrigen hat der 32 cm lange Vogel einen hochroten Kopf mit weißen Wangenflecken. Hals, Brust und Unterschwanzdecken sind ebenfalls kräftig rot. Die Flügel- und Schwanzfedern changieren in verschiedenen Blau- und Grüntönen. Wenn man ein solches Prachtexemplar – mit reinem Gelb im Bauch- und Rückengefieder! – irgendwo erwischt, sollte man sofort zugreifen.

Aber auch sonst ist der Prachtrosella ein durchaus geeigneter

Pflegling für den Anfänger. Er hat eine sympathisch leise Flötenstimme, ist durchweg ruhig und friedfertig (außer in der Brutzeit) und läßt sich verhältnismäßig leicht züchten. Zur Fortpflanzung sollte man nur rassereine Tiere zulassen, damit der züchterische Mischmasch nicht noch größer wird. Geht es so weiter wie bislang, gibt es am Ende bei uns gar keine echten Prachtrosellas mehr, da »naturreiner« Nachschub aus Australien nicht mehr zu erwarten ist.
Aus der Verwandtschaft der Rosellas will ich nur noch zwei weitere Arten vorstellen, die einen empfehlenden Hinweis verdienen. Der Pennantsittich (Platycercus elegans), von dem es vier Rassen gibt, wird etwa 35 cm lang und hat ein kräftig karminrotes Grundgefieder. Die Wangen, die Flügel und der Schwanz sind blau. Was uns allein vom Kauf abhalten könnte, ist der hohe Preis.
Ähnlich, aber fast 10 cm kleiner ist der Stanleysittich (Platycercus icterotis), der zuweilen auch Gelbwangensittich genannt wird, weil er, im Gegensatz zum Pennantsittich, einen großen gelben Wangenfleck zur Schau trägt. Stanleysittiche sind leider ebenfalls ziemlich teuer.
Die australische Region ist so reich an prächtigen Sittichen, daß die Wahl zur Qual werden kann. Wenn ich jetzt wenigstens noch ein paar Arten beschreibe, die ich gerade dem Anfänger ans Herz legen möchte, so tue ich das gleichsam mit einer entschuldigenden Verbeugung vor all den Arten, die unerwähnt bleiben müssen.
Der mit Recht so genannte Schönsittich (Neophema pulchella) ist ein überaus graziöser Vogel, der mit 20–22 cm Länge nicht viel größer wird als der Wellensittich. Trotz seines grellbunten Federkleids wirkt er unendlich sanft und fast ein wenig schüchtern. Leuchtend türkisblau sind bei ihm Gesicht und Flügeldekken, olivgrün die Oberseite, gelb oder gelborange die Unterseite. Dazu zeigt das Männchen einen hübschen rotbraunen Schulterfleck. Diese reizende Sittichart, die man lange Zeit nur wenig beachtet hat oder gar für erloschen hielt, ist dank ihrer leichten Züchtbarkeit seit mehreren Jahren wieder regelmäßig auf dem Markt, und zwar zu durchaus akzeptablen Preisen.
Ein naher Verwandter des Schönsittichs ist der etwas größere (23 cm) Schmuck- oder Elegantsittich (Neophema elegans), ein

überwiegend olivgrüner Vogel, dessen Unterseite mehr ins Gelbliche spielt und einen orangegelben Bauchfleck aufweist. Stirnbinde und Flügelränder sind kräftig kobaltblau übermalt. Ein wahrhaft eleganter Sittich, der eine angenehm klingende Zwitscherstrophe hören läßt und bei der Balz sein clowneskes Showtalent offenbart.

Den beiden Vorgenannten steht der Bourkesittich (Neopsephotus bourkii) so nahe, daß man ihn früher sogar derselben Gattung Neophema zurechnete. Äußerlich sieht er freilich ganz anders aus. Sein pastellartiges Gefieder verzichtet völlig auf das gewohnte Sittichgrün und schimmert in sanften braunen, blauen und rosaroten Tönen. Die Beliebtheit des 22–23 cm langen Bourkesittichs kommt nicht von ungefähr: Er ist nicht nur sehr apart und preiswert, sondern auch für einen Papageienvogel außergewöhnlich gutmütig und friedfertig. Selbst mit erheblich kleineren Mitinsassen, etwa exotischen Finkenvögeln, verträgt er sich ohne weiteres. Sieht man ihn still dasitzen wie eine Nippesfigur, könnte man meinen, es fehle ihm an Temperament. Doch der Eindruck täuscht, denn morgens und abends in der Dämmerung wird er erstaunlich munter und läßt seine Stimme erschallen – aber nur so laut, daß es den lieben Nachbarn nicht stört.

Den krönenden Abschluß unserer Sittichgalerie bildet eine Vogelart, die mit einigem Recht als Singsittich (Psephotus haematonotus) bezeichnet wird. Daß man bei einem Krummschnabel die Gesangsleistung lobend hervorhebt, ist zwar sehr bemerkenswert, sollte jedoch keine falschen Hoffnungen erwecken. Eine Nachtigall oder ein Harzer Roller ist der Singsittich sicherlich nicht. Immerhin besitzt er ein vergleichsweise wohltönendes Organ, mit dem er mal freundlich drauflosplaudert, mal laute drosselähnliche Rufe ausstößt. Der 28 cm lange Singsittich ist ein stattlicher Kerl, rank und schlank, mit grüner Oberseite, gelbem Bauch, rotem Bürzel und grün-weiß-blauem Schwanz. Daß der ebenso schöne wie »pflegeleichte« Vogel ziemlich regelmäßig im Handel ist, darf als Beweis für seine Beliebtheit gelten. Der Neuling in der Kunst der Sittichhaltung ist mit einem Singsittich jedenfalls bestens bedient.

Eingewöhnung, Haltung, Zucht

Die Sittiche, die in diesem summarischen Kapitel besprochen wurden, gelangen entweder als importierte Wildfänge oder als Produkte hiesiger Zuchten in die Hände der Liebhaber. Diese Unterscheidung ist nicht unwichtig, wie wir gleich sehen werden, und man sollte sich deshalb beim Verkäufer unbedingt nach dem Woher des Vogels erkundigen.

Hierzulande gezogene Exemplare sind von Haus aus an unser mäßiges Klima gewöhnt und somit relativ unempfindlich. Aber die Wildfänge, die oft gerade erst eine lange und strapaziöse Reise überstanden haben, fühlen sich in ihrer neuen mitteleuropäischen Umgebung zunächst ziemlich unbehaglich, was diesen wider Willen verpflanzten Tropenkindern nicht zu verdenken ist. Sie müssen deswegen behutsam akklimatisiert und eingewöhnt werden. Neuerworbene Importsittiche brauchen in den ersten Wochen eine wohltemperierte Unterkunft, sehr viel Ruhe und ein gutes, abwechslungsreiches Futter, bei dem man ständig darauf achten muß, daß es auch angenommen wird. Vorsichtshalber läßt man sich vom Händler genau erklären, wie er seine Sittiche bisher gefüttert hat, und weicht nur ganz allmählich von diesem Speiseplan ab.

Sind die Sittiche einmal vollständig akklimatisiert und in ihrer neuen Umwelt heimisch geworden, können sie ihr endgültiges Quartier beziehen. Sie erweisen sich dann in der Regel als ausgesprochen hart (sogar winterhart), genügsam und langlebig. An die Unterbringung und Ernährung stellen gut eingewöhnte Tiere keine allzu großen Ansprüche. Sie fühlen sich in einem geräumigen Metallkäfig durchaus wohl, aber in einer Gartenvoliere können sie ihre Schönheit und ihr fliegerisches Geschick weit besser entfalten. Ja, die meisten Sittiche sind ideale Volierenvögel, da sie die Freiheit und Ungebundenheit mehr lieben als eine enge Beziehung zum Menschen. Damit muß sich der Sittichhalter nun einmal abfinden: Restlos zahm werden seine Schützlinge nur selten, und wer einen Papagei zum »Liebhaben« sucht, sollte sich lieber an einen anschmiegsamen Kakadu halten.

Was die Verpflegung angeht, so kann ich mich auf einen knappen Hinweis beschränken: Verschiedene Sämereien und Nüsse oder eine käufliche Futtermischung, Grünzeug, Obst und frische

Knabberzweige ergeben für sämtliche Sittiche ein vollwertiges Standardmenü.
Wenn man schon zu seinen Sittichvögeln kein besonders persönliches Verhältnis herzustellen vermag, so kann man sich wenigstens mit dem Gedanken an Nachwuchs trösten. Viele der vorgestellten Arten lassen sich recht willig züchten, wenn auch nicht so willig, wie es sich der naive Anfänger wünscht. Ein bißchen Geschick und Geduld gehören schon dazu, vor allem aber eine geeignete »Brutstätte«.
Wer seine Zuchtversuche im Haus anstellen will, muß seinen heiratslustigen Schützlingen eine sehr geräumige Wohnung bieten. Als Mindestmaß für ein mittelgroßes Sittichpärchen hat man eine Grundfläche von 200 x 100 cm und eine Höhe von etwa 150 cm ausgeknobelt. Diese Maßangaben des Käfigs gelten für ein einziges Brutpaar, denn die Ehepartner wollen nicht durch artgleiche oder artfremde Mitbewohner gestört werden. Nur die Mönchssittiche leben bekanntlich in Kommunen.
Hier hat es der Besitzer einer Gartenvoliere schon leichter, zumal die Vögel sich dort eher zur Benutzung eines Nistkastens bequemen. Der hochformatige Nistkasten sollte übrigens ebenfalls ausreichend groß bemessen sein: Grundfläche 20–30 cm im Quadrat, Höhe je nach Vogelgröße 30–60 cm. Da die Sittiche grundsätzlich auf die Beschaffung von Nistmaterial verzichten, ihre Eier aber andererseits gern auf einer weichen Unterlage deponieren, wie sie sie daheim in hohlen Baumstämmen vorfinden, muß der Mensch helfend eingreifen, indem er den Nistkasten einige Zentimeter hoch mit (leicht angefeuchteten) Sägespänen oder Torfmull auffüllt.
Wenn alles so weit vorbereitet ist, können wir nur noch hoffen, daß unser Sittichpaar bald mit der Balz beginnt, sein Gelege liebevoll betreut und die nach etwa drei Wochen schlüpfenden Jungen ordentlich großzieht.

Die Loris

Die Papageien, die ich mir absichtlich bis zuletzt aufgehoben habe, sind vor allem den vogelfreundlichen Mitmenschen zugedacht, die der Pflege etwas mehr Zeit widmen können als der streßgeplagte Durchschnittsbürger. Der Mehraufwand an

Mühe und Unterhaltskosten, den die anspruchsvollen Loris erfordern, hat seine Ursache in den ausgefallenen Eßgelüsten dieser gefiederten Gourmets.

Daß die Loris anders sind als alle übrigen Papageien, zeigt ein Blick in ihren Schnabel. Schauen wir einem »normalen« Krummschnabel beim Fressen zu, erblicken wir eine dicke, glatte Pfropfzunge, mit der die als Hauptnahrung dienenden Körner geschickt enthülst werden. Bei den Loris hingegen ist die Zunge kein Pfropf, sondern ein an der Spitze aufgefasertes Gebilde, das wie ein kleiner Pinsel aussieht. Deshalb heißen sie auch mit vollem Namen »Pinselzungenloris«. Diese unscheinbare Abweichung von der Norm hat jene Folgen, die ich einleitend angedeutet habe und die ein Papageienfreund, der sich in einen Lori verliebt hat, sorgfältig erwägen sollte, bevor er sich zum Kauf entschließt.

Die Pinselzüngler nehmen normalerweise keine trockene, feste Nahrung (Sämereien, Körner usw.) zu sich, sondern ernähren sich fast ausschließlich von weicher bis flüssiger Kost (Blütenhonig, Pflanzensäfte, weiche Früchte usw.), die sie mit ihrer Spezialzunge aufsaugen. Das aber bedeutet in der Praxis des Vogelhalters: Es geht nicht, daß er den Loris bei Bedarf rasch eine Portion Futter aus der gekauften Packung in den Napf schüttet, nein, er muß ihnen regelmäßig ein feines Menü zubereiten, und zwar mindestens einmal pro Tag, da der Futterbrei sonst säuern und ungenießbar werden könnte.

Für die standesgemäße Beköstigung der Feinschmecker haben Kenner die verschiedensten Rezeptvorschläge ausgetüftelt: Man kann beispielsweise Zwieback oder Weißbrot in Milch einweichen und mit Zucker und/oder Honig süßen. Oder man rührt gekochte Haferflocken oder Reisbrei mit Honig, Kondensmilch, Fleischextrakt, Eipulver, Ameiseneiern usw. zu einer appetitlichen dicken Suppe an. Wer es sich leichtmachen will, kann zwischendurch auch einen Baby-Früchtebrei aus der Drogerie oder gesüßten Mondaminpudding auftischen. Ich will es damit bewenden lassen, obwohl ich mühelos eine seitenlange Rezeptsammlung zusammenstellen könnte.

Tafel V. Gelbscheitelamazone (links) und Graupapagei.

Tafel VI. Schmuck- und Breitbindenlori.

Zum obligatorischen Futterbrei reicht man stets eine Beilage aus süßem, weichem Obst und probeweise auch etwas Körnerfutter (Hirse, Sonnenblumenkerne, Kanariensaat usw.), in der Hoffnung, daß sich die Schleckerschnäbel allmählich etwas mehr auf feste Nahrung umstellen. Diese Umstellung gelingt zuweilen bis zu einem gewissen Grad, sollte aber nicht zu weit getrieben werden, weil Körnernahrung nun einmal der natürlichen Lebensweise der Loris widerspricht. Man darf die Vögel nicht so autoritär behandeln wie ungeratene Kinder, die ihren Spinat nicht essen wollen. Die Loris können ja schließlich nichts dafür, daß sie so wählerisch sind!

»Na schön«, wird jetzt mancher Papageienfreund sagen, der sich in die bildschönen Loris vergafft hat, »das Ernährungsproblem werde ich schon irgendwie lösen.« Doch ich muß noch einen Wermutstropfen in den Kelch seines Optimismus fallen lassen: Was die Loris durch den Schnabel aufnehmen, geben sie auf natürlichem Wege in weicher oder flüssiger Form wieder von sich, und zwar in erstaunlich großen Mengen. Das bringt zusätzliche Mehrarbeit mit sich. Wird die Vogelbehausung nicht häufig und gründlich gesäubert, entwickeln sich die Ausscheidungen sehr schnell zu einer Zumutung für Auge und Nase. Wer also die Tiere als üble Schmutzfinken beschimpft, tut ihnen bitter Unrecht. Sie legen nämlich viel Wert auf Reinlichkeit und baden bereitwilliger als die allermeisten anderen Papageien, die im allgemeinen eine Badewanne für einen überflüssigen Luxus halten und sich mit einer oberflächlichen Dusche zufriedengeben.

Warum es trotz alledem viele Leute gibt, für die das Leben ohne Lori nur halb so schön wäre, läßt sich mit den positiven Eigenschaften dieser »arbeitsintensiven« Hausgenossen leicht erklären. Zum einen sind die Loris durchweg äußerst farbenprächtige Geschöpfe, deren fröhliche Buntheit ein wahrer Augentrost ist. Zum anderen verfügen sie über ein heiteres und heiter stimmendes Wesen. Sie sind verspielt wie kleine Katzen, balgen sich, schlagen Purzelbäume und vollführen allerlei Clownerien. Daß sie bei soviel Temperament gelegentlich einmal laut werden und schrille Juchzer ausstoßen, kann ihnen nur ein Griesgram übelnehmen.

Nach allem, was wir bis jetzt über die Loris gehört haben, dürfte feststehen, daß sie eine großzügig bemessene Unterkunft benötigen, in der sich einerseits ihr komisches Talent voll entfalten kann und andererseits der Schmutz besser verteilt. Gut eingewöhnte Tiere eignen sich auch für die Gartenvoliere (sofern lärmempfindliche Nachbarn nicht allzu nahe wohnen), doch in der kalten Jahreszeit brauchen sie unbedingt einen warmen, möglichst heizbaren Schutzraum, in den sie sich jederzeit zurückziehen können. Es liegt auf der Hand, daß in der Wohnung gehaltene Loris eher zahm und zutraulich werden als Volierenbewohner, die ihre angeborene Scheu nur selten verlieren.

Ausgewählte Loriarten

Auch im Fall der weitverzweigten Lorisippschaft erscheint eine Beschränkung auf die gängigeren Arten angezeigt. Sehr häufig werden diese exklusiven Papageien ohnehin nicht angeboten. Man muß schon etwas Glück und Geduld haben, will man den gewünschten Vogel erwischen; und ein wohlgefüllter Geldbeutel gehört ebenfalls dazu.

Die bekannteste Pinselzünglerart ist zweifellos der knapp 30 cm große Allfarblori (Trichoglossus haematodus), der getreu seinem Namen in (fast) allen Regenbogenfarben schillert und in 22 Rassen über Australien und Ozeanien verbreitet ist. Zwei Rassen verdienen unsere besondere Beachtung, weil sie noch am ehesten den Weg zu uns finden.

Da wäre zunächst der Breitbindenlori (Trichoglossus haematodus haematodus; Farbtafel VI) zu nennen. Die zweite, womöglich noch bekanntere Rasse heißt Gebirgslori (Trichoglossus haematodus moluccanus), wird aber oft auch unter dem Namen »Lori von den Blauen Bergen« geführt. Er sieht dem Breitbindenlori sehr ähnlich, hat jedoch einen dunkel violettblauen Bauch und eine zinnoberrote Brust, die an den Seiten in Orangegelb übergeht.

Zur selben Gattung wie die Allfarbloris gehört der kleinere Schmucklori (Trichoglossus ornatus; Farbtafel VI), der nur 22 cm lang wird und sich wegen seiner Zierlichkeit besonders gut für die Käfighaltung eignet, zumal Jungtiere sich verhältnismäßig leicht zähmen lassen.

Eine hinreißende Schönheit ist der Rotlori (Eos borneus), ein etwa 30 cm großer Vogel, dessen samtweiches Gefieder in einem satten Scharlachrot leuchtet. Nur die Schulter- und Unter-

schwanzdecken tragen hübsche blaue Abzeichen, und die Flügelenden sehen aus, als hätte sie ein fernöstlicher Künstler in schwarzbraune Tusche getaucht.
Nicht minder schön und noch kontrastreicher gefärbt ist der gleichgroße Erzlori (Domicella domicella), der wegen seiner schwärzlich-violetten Kopfplatte auch Schwarzkappenlori genannt wird. Zum herrlich karminroten Grundgefieder trägt er scharf abgesetzte olivgrüne Flügel, die wie aufgemalt wirken, und fesche blaue Federsäume an den Schenkeln und am Flügelbug.
Beim sehr begehrten Erzlori paart sich bestechende Anmut mit Menschenfreundlichkeit und Intelligenz. Das wußten schon lange vor uns die Einwohner der Molukkeninsel Amboina, die seine Heimat ist. »In der Stadt Amboina«, so schreibt ein Papageienkenner des vorigen Jahrhunderts, »gibt es kaum ein Haus oder eine Hütte, in der der Erzlori fehlt. Er ist der Lieblingsvogel der Bewohner und verdient es zu sein, ebenso wegen seiner Schönheit und Sanftmut wie wegen seiner Gelehrigkeit. Er lernt ziemlich rasch sprechen und ist dann der Stolz seines Pflegers.«
Damit sind wir am Ende unserer Entdeckungsreise durch die bunte Welt der Papageien angelangt. Ich kann jetzt nur hoffen, daß der Leser unterwegs seinen »Lieblingsvogel« gefunden hat, der bald schon »der Stolz seines Pflegers« wird. Das ist beiden zu wünschen, dem Vogel wie dem Vogelhalter.

Praktische Ratschläge

Anschaffungsprobleme

Wer dieses Buch bis hierher gelesen hat, ist hoffentlich einerseits mit den allgemeinen Problemen der Papageienhaltung schon so vertraut und andererseits von der notwendigen Begeisterung so erfüllt, daß der Anschaffung eines Krummschnabels nichts mehr im Wege steht. Wahrscheinlich hat er jetzt nur noch eine Frage: Wie und wo ersteht man am besten einen wohlgeratenen, kerngesunden und jugendfrischen Papageienvogel?
Bevor ich diese Frage beantworte, möchte ich zunächst erklären, wo man ihn nicht ersteht. Zum Beispiel auf keinen Fall unter der Hand auf dem schwarzen oder grauen Markt, wo zuweilen kostbare Vögel zu günstigen Preisen auftauchen. Dabei handelt es sich meist um »Schmuggelware«, die aus dem Ausland stammt, wo die Einfuhrbeschränkungen nicht so rigoros gehandhabt werden wie bei uns. Bei einem auffällig preiswerten Krummschnabel achte man stets darauf, ob er auch ordnungsgemäß beringt ist. Sonst kann man Ärger bekommen – ganz abgesehen davon, daß man nie weiß, ob ein solcher Vogel nicht tatsächlich zu den seltenen gefährlichen Krankheitsüberträgern gehört. Auf krummen Wegen gelangen Papageien besonders gern in die Hafenstädte, weil dort Seeleute die aus fernen Landen mitgebrachten Tiere wieder verkaufen, um ihre Heuer ein bißchen aufzubessern.

Zur Vorsicht raten möchte ich auch vor den vielen Papageien, die regelmäßig unter der Rubrik »Tiermarkt« in den Tageszeitungen zum Verkauf angeboten werden. Sehr oft ist dabei etwas faul. »... umständehalber billig abzugeben«, heißt es vielfach in diesen Anzeigen. Es lohnt sich in jedem Fall, die »Umstände« etwas genauer zu prüfen, ehe man den Kauf tätigt. Häufig ist nämlich das beliebte Wörtchen »umständehalber« nur eine tarnende Umschreibung dafür, daß der offerierte Vogel ein arger Schreier oder ein durch schlechte Erziehung verdorbener und bösartig gewordener Eigenbrötler oder ein altersschwacher Geselle ist (das Alter kann man einem Vogel leider nicht so ohne weiteres ansehen). Mit Mißtrauen sollte man auch dem Adjektiv »zahm« begegnen, das gleichfalls ein stark strapazierter Lieblingsbegriff der Annoncenverfasser zu sein scheint.

Doch nun zu der positiven Antwort auf unsere Eingangsfrage. Soviel ich sehe, gibt es drei verschiedene Möglichkeiten, einen Papagei auf legale und vergleichsweise risikolose Weise zu erwerben. »Legal« bedeutet hier, daß die Tiere den amtlichen Fußring tragen und somit entweder aus einer ordnungsgemäß betriebenen Zucht stammen oder nach ihrer Einfuhr – und es werden neuerdings wieder mehr Tiere eingeführt als noch vor wenigen Jahren – die vorgeschriebene Quarantäne und Psittakosebehandlung hinter sich gebracht haben. Laut »Verordnung über die Einfuhr und die Durchfuhr von Papageien und Sittichen« müssen alle gewerbsmäßig importierten Papageienvögel eine Zeitlang in einer Quarantänestation beobachtet und untersucht werden, bevor sie in den Handel gelangen. Wenn jedoch ein Privatmann die ihn begleitenden eigenen Papageien (nicht mehr als drei) über die Grenze bringt – zum Beispiel bei einer Wohnsitzänderung –, bleibt er in der Regel von dieser Quarantänebestimmung verschont.

Die erste und sicherlich häufigste Form des Papageienerwerbs ist der Kauf in einem Zoogeschäft. Hier werden die Vögel zwar selten unter dem üblichen »Einzelhandelspreis« verkauft, aber dafür hat der Käufer die nicht zu unterschätzende Möglichkeit, das artenreiche Angebot vergleichend zu prüfen, den auserkorenen Vogel eine Zeitlang zu beobachten, um seine Eignung und seinen Gesundheitszustand festzustellen, und sich vom sachverständigen Händler jetzt und auch in Zukunft beraten zu lassen. Als zweites wäre der Kauf direkt vom Züchter zu nennen. Er hat den Vorteil, daß die Preise meist etwas günstiger sind und der Züchter sich mit seinen Vögeln besonders gut auskennt. Der Nachteil liegt bei der begrenzten Auswahl: Züchtende Privatleute befassen sich im allgemeinen nur mit einer bestimmten Papageienart. Die Adresse eines geeigneten Züchters erfährt man durch einen Anruf beim örtlichen Vogelzuchtverein oder auch auf den Vogelausstellungen oder »Zuchtschauen« der Vereine, die alljährlich mindestens einmal, meist in der Vorweihnachtszeit, in fast jeder größeren Stadt stattfinden. Vielleicht hat man das Glück, bei so einer Ausstellung das zu finden, was man sucht, wobei man berücksichtigen muß, daß ein Teil der ausgestellten Vögel, unter denen sich auch einige soeben preisgekrönte Exemplare befinden, unverkäuflich sind. Überhaupt kann ich den Besuch dieser Ausstellungen jedem Vogelliebhaber nur empfehlen, auch wenn er sich gerade nicht mit Kaufabsichten trägt. Dort bietet sich ihm nämlich eine einmalige Chance des Vergleichens und Beobachtens.

Die dritte Möglichkeit ist schließlich der Fernkauf – entweder bei einem zoologischen Versandgeschäft oder bei einem privaten Züchter. Der Preis ist hier im Durchschnitt niedriger, aber das Risiko höher, denn man kauft ja die Katze im Sack, beziehungsweise den Vogel im Kasten, in einer kleinen Holzkiste mit drahtbespanntem Guckfenster, die der Expreßbote mit behutsamen Händen und neugierigen Fragen an der Wohnungstür abliefert.

Die Anschriften von Versandgeschäften und »versandbereiten« Züchtern findet man in den einschlägigen Zeitschriften. Es lohnt sich, an einem gutsortierten Kiosk einmal die neueste Nummer etwa der »Geflügel-Börse« oder der »Gefiederten Welt« zu kaufen und daheim den Anzeigenteil gründlich zu studieren. Die Züchter führen in ihren Anzeigen meist vollständig und mit genauen Preisangaben auf, was sie anzubieten haben, während man sich vom Versandhandel erst eine Liste kommen lassen muß.

Eine derartige Anzeige oder Liste ist bisweilen für den Uneingeweihten ziemlich unverständlich. Was soll man beispielsweise davon halten, wenn da steht: »1,1 Personata«? Nun, das Ganze ist eine Geheimformel der Vogelhändler und -züchter und heißt im Klartext: ein Paar (1,0 = Männchen oder Hahn, 0,1 = Weibchen oder Henne, also 1,1 = Pärchen) Schwarzköpfchen (oder »Personata«). Übrigens benutzt man – vor allem in der Fachliteratur – zur Kennzeichnung der Geschlechter oft auch die Symbole ♂ und ♀. Die hat jeder von uns wohl schon dutzendmal gesehen. Aber man kann sie nie auseinanderhalten, weil sie sich so verflixt ähnlich sehen. Dabei ist es ganz leicht, wenn man weiß, was die Zeichen bedeuten sollen. Das erste stellt den Schild des Kriegsgottes Mars dar, hinter dem sein Speer schräg hervorragt, und das zweite ist ein typisch weibliches Sinnbild, nämlich der mit einem Handgriff versehene Spiegel der Venus.

Käfige

Die Frage, wer zuerst da war, die Henne oder das Ei, ist noch immer umstritten. Nicht umstritten ist hingegen die Frage, ob der Vogel oder das Vogelheim als erster vorhanden sein sollte. Es versteht sich von selbst, daß unser neuer Hausgenosse eine komplett eingerichtete Wohnung vorfinden muß, wenn er seinen Einzug bei uns hält. Doch wie diese Wohnung beschaffen sein soll, ist nicht mit einem Satz zu erklären. Es bieten sich verschiedene Lösungen an, von der einfachsten und preiswertesten (Käfig) bis zur aufwendigsten und in vieler Hinsicht besten (Frei- oder Gartenvoliere). Für welche man sich entscheidet, hängt einerseits von der Art des gefiederten Wohnungsinhabers, andererseits von den Wohnverhältnissen, dem Wohnort, dem Geschmack, dem Bastlergeschick und nicht zuletzt dem Geldbeutel des Halters ab. Das Ideal eines Vogelheims wird sich nur in seltenen Fällen verwirklichen lassen; um so mehr kommt es darauf an, aus den gegebenen Möglichkeiten das jeweils Beste zu machen – das Beste für die Vögel!

Die meisten Papageien leben in Käfigen und fühlen sich durchaus wohl dabei, sofern ihr Besitzer einige Grundregeln beachtet hat. Käfig ist nicht gleich Käfig, und nicht alles, was in den einschlägigen Geschäften angeboten wird, eignet sich für unsere Zwecke.

Alle luxuriös verschnörkelten und abenteuerlich geformten Gebilde lehnen wir von vornherein ab. Nicht nur, weil sie uns zu teuer sind, sondern weil sie eher als Ausstellungsvitrinen für ausgestopfte Vögel taugen.

Den Papageien gefällt es am besten in einem stabilen, schlichten Drahtkäfig, bei dem wie in einer heutigen Mietwohnung der Raum möglichst rationell ausgenützt ist. Ein zusätzlicher Kubikzentimeter ist ihnen lieber als die kunstvollste Verzierung. Erwünscht ist deshalb die simple Kastenform mit rechteckigen Begrenzungsflächen. Ein paar leichte Rundungen – aber keinesfalls eine kreisrunde oder gar kugelige Gestalt – wollen wir dabei noch in Kauf nehmen, obwohl auch dies mehr dem ästhetischen Sinn des Menschen als dem Lebensbedürfnis des Vogels entgegenkommt. Überdies hat der kastenförmige Käfig den großen Vorzug, daß er sich viel leichter sauberhalten läßt als jene unpraktischen Produkte des modernen Kitschgewerbes. Eine abnehmbare, wenigstens 10 cm hohe Plastikschale, in die für ganz

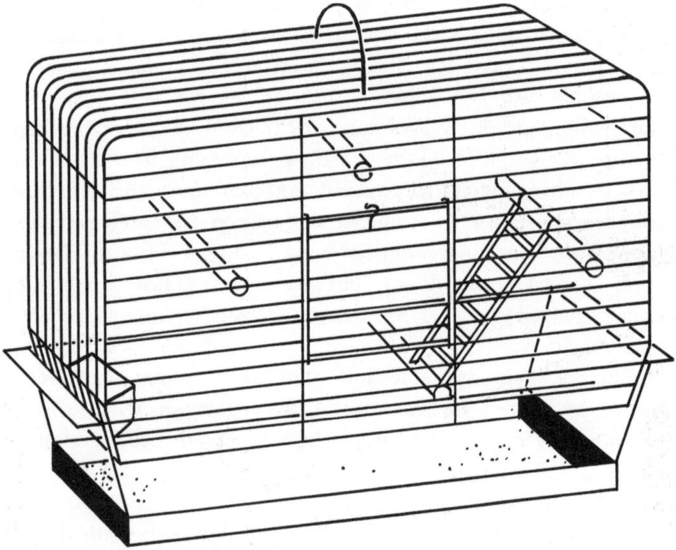

Praktischer Wellensittichkäfig

Bequeme noch eine flache Schublade eingelassen ist, macht die Käfigsäuberung selbst für hauswirtschaftlich Ungeübte zu einem reinen Vergnügen.

Über diese allgemeinen Grundsätze hinaus sind ein paar Punkte noch besonders zu beachten:

1. Die Maße des Käfigs richten sich nach der Größe und auch

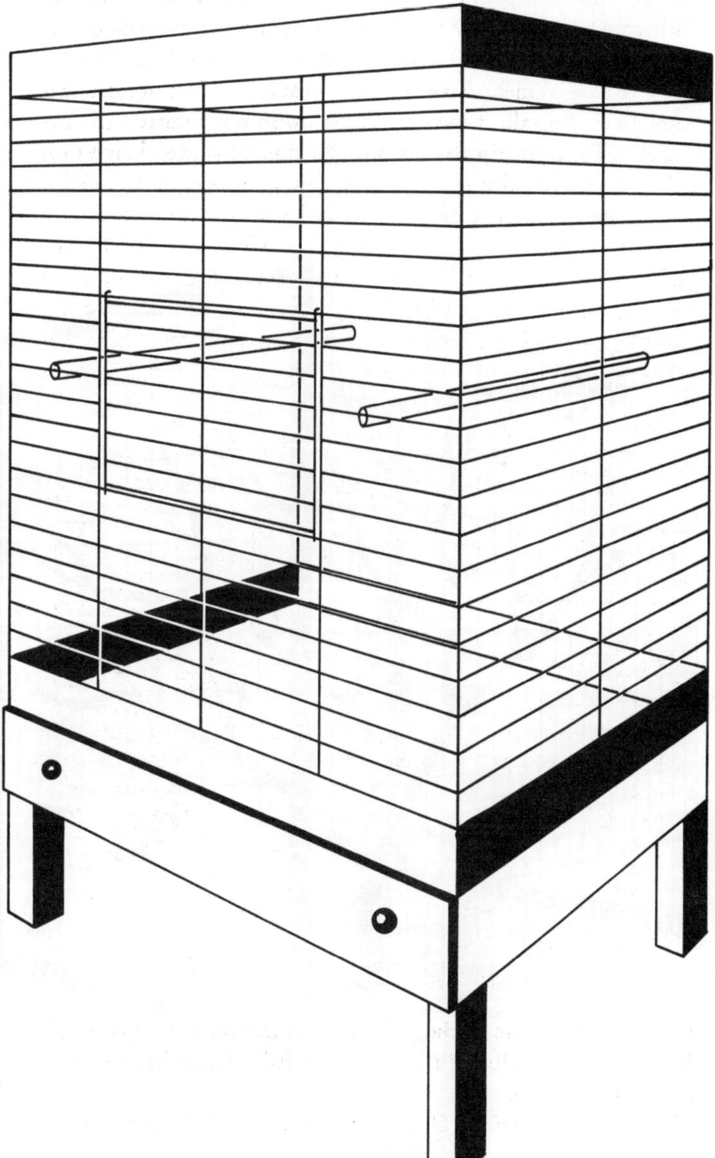

Stabiler Käfig für größere Papageien

nach dem Temperament des künftigen Bewohners. Mit dem kleinsten Gehäuse geben sich die anspruchslosen Wellensittiche zufrieden. Hier genügen zur Not eine Länge von 40–45 cm, eine Breite von 25–35 cm und eine Höhe von 40–50 cm. Alle anderen Angehörigen der Papageienfamilie brauchen mehr Platz. Für mittelgroße Vögel (Nymphensittiche, Unzertrennliche usw.) kommt ein sogenannter Gesellschaftskäfig oder ein Flugbauer in Betracht; man wähle das geräumigste Modell, das

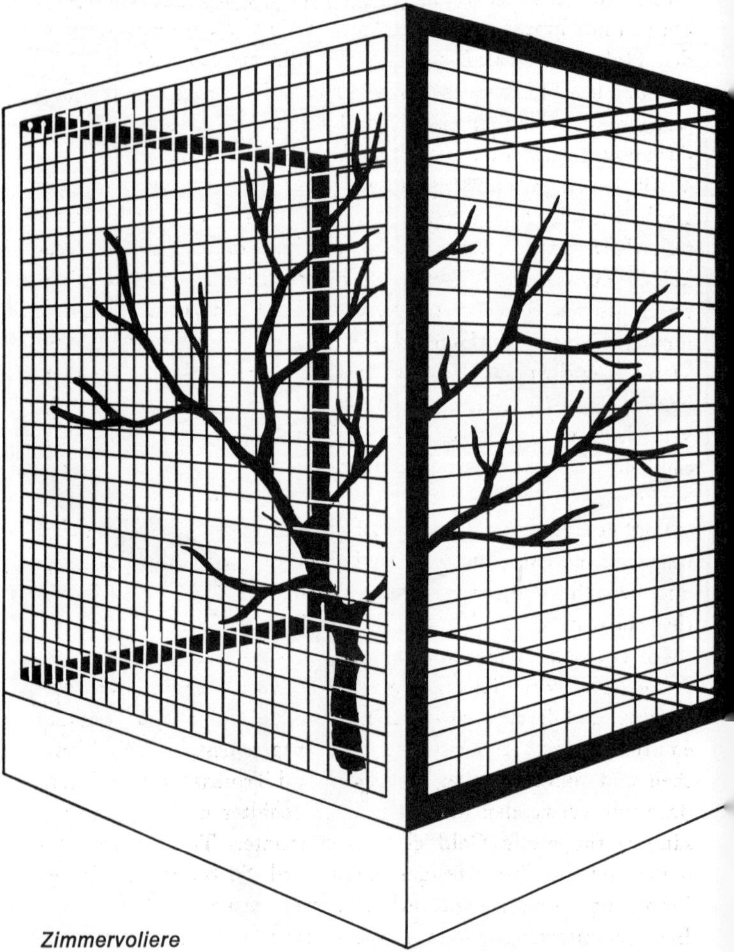

Zimmervoliere

man auftreiben kann (Mindestlänge ca. 70 cm). Die größeren Arten (Graupapageien, Aras und Kakadus) benötigen unbedingt einen speziellen Papageienkäfig mit einer Grundfläche von ca. 1 qm und einer entsprechenden Höhe. Grundsätzlich gilt dies: Ein Vogelkäfig kann nie zu groß sein, wohl aber oft zu klein.

2. Alle Käfige sollten aus stabilem, rostfreiem Metallgitter gefertigt sein. Kunststoffüberzogener Draht, wie er heute in Mode ist, sieht zwar hübsch aus, ist aber allenfalls für Arten zu empfehlen, die nicht übermäßig nagefreudig sind. Großpapageien können nur hinter starken verschweißten Gittern gehalten werden. Holz scheidet als Baumaterial im allgemeinen aus.

3. Man beachte, daß die Gitterstäbe nicht senkrecht, sondern waagerecht verlaufen müssen und somit eine Leiter bilden, an der unser Krummschnabel seine Kletterkünste zeigen kann.

4. In vielen serienmäßig hergestellten Käfigen ist unten ein Drahtrost oder Schmutzgitter eingelassen. Das hat gewisse Vorteile (leichtere Reinigung), aber auch Nachteile: Der Vogel hat keinen Zugang mehr zum Sand, der sich, für ihn unerreichbar, unterhalb des Rostes befindet. Und Sand braucht ein Papagei nun einmal als Verdauungshilfe. Er pickt Sandkörnchen und kleine Steinchen auf, damit sie ihm im Magen das Zerreiben der harten Nahrung erleichtern. Wer auf den praktischen Rost nicht verzichten will, sollte seinen Vögeln also wenigstens ein Näpfchen mit Vogelsand (Grit) bereitstellen.

5. Ein Papageienhaus muß eine gut schließende Tür haben. Wer einmal gesehen hat, wie geschickt Papageien mit ihrem Schnabel umzugehen wissen, wird diesen Rat nicht in den Wind schlagen und verstehen, weshalb manche Papageienhalter das Käfigtürchen sogar mit einem kleinen Vorhängeschloß sichern.

Noch ein paar Bemerkungen zur Inneneinrichtung des Vogelheims, die normalerweise aus zwei Porzellannäpfchen (die leichten und leicht zerstörbaren Plastiknäpfchen sind weniger empfehlenswert) und ein paar Sitzstangen besteht. Die Näpfchen sind vom Hersteller für Futter und Trinkwasser bestimmt, doch wir verwenden beide als Futterbehälter und erstehen zusätzlich für wenig Geld einen sogenannten Trinkwasserautomaten, der im Gitter festgeklemmt wird. So brauchen wir den Futter- und Wasservorrat nicht so oft zu erneuern.

Bei den Sitzstangen achten wir darauf, daß sie die richtige

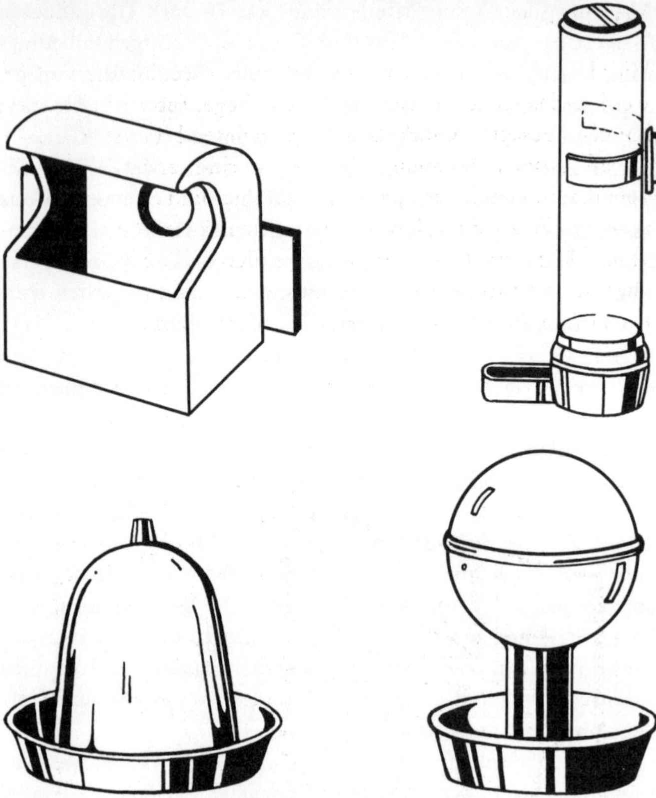

Überdachter Futternapf und drei Trinkautomaten

Stärke haben. Das heißt, sie müssen so dick sein, daß der Vogelfuß sie bequem umfassen kann. Es ist ratsam, die mitgelieferten Holzstäbe ganz oder teilweise durch frische Zweigstücke unterschiedlicher Stärke zu ersetzen, die wenigstens einen Hauch von Natur in das Gebilde von Menschenhand bringen und den Bewohnern willkommen sind. Einerseits erweisen sich solche natürlichen Sitzstangen als »vogelfußgerechter«, und andererseits bieten sie den knabberlustigen Papageien Gelegenheit, ihre Schnäbel auf naturgewollte Weise zu benutzen und abzunutzen. Daß die Zweige erneuert werden müssen, bevor sie gänzlich zu Spänen verarbeitet worden sind, versteht sich von selbst.

Vogelstube

Hier können wir uns kurz fassen, denn nur wenige Auserwählte werden das Glück haben, sich eine Vogelstube einrichten zu können. Besagtes Glück besteht vorwiegend in einer unzeitgemäß großen Wohnung. Weiterhin sind erforderlich: eine konziliante Familie, einiges Bastlergeschick und ein wenig Phantasie. Trifft all dies glücklich zusammen, kann die Arbeit losgehen. Mit dem Eifer, den die Ausübung unserer Liebhaberei ohnehin mit sich bringt, haben wir bald einen kleineren lichten Raum (zur Not tut's auch ein Dachboden, wenn er hell genug

Selbstgebastelte Zimmervoliere

ist) in ein künstliches Vogelparadies verwandelt, in dem man gleich mehrere Papageien oder eine vielköpfige Wellensittichschar unterbringen kann. Für die Einrichtung einer Vogelstube gibt es keine festen Normen. Hier soll der Heimwerker zeigen, was er kann. Aber ein paar allgemeine Tips können vielleicht nichts schaden.

Den Boden legen wir sorgfältig mit Dachpappe oder fester Plastikfolie aus. Noch besser wäre natürlich ein feiner Heraklitplatten- oder Betonbelag. Doch so was sieht der Hausherr vermutlich nicht besonders gern. Auf die Unterlage kommt dann eine dicke Sandschicht, die wir mit Moosplatten und ausgestochenen Rasenstücken dekorieren können. Jede weitere Bepflanzung erübrigt sich – sie würde doch nur in kurzer Zeit zerbissen werden.

Alle Wände werden hell gestrichen oder geweißt. Der Anstrich muß allerdings von Zeit zu Zeit erneuert werden, denn wo Vögel sind, gibt es auch Schmutz, selbst wenn wir bei allen Sitzgelegenheiten gebührenden Abstand von der Wand halten. Es ist nämlich ganz erstaunlich, mit welchem Geschick die Vögel ihre Ausscheidungen an alle möglichen und unmöglichen Stellen hinpraktizieren. Selbst die Decke bleibt nicht verschont. Man frage mich bitte nicht, wie sie das schaffen – ich weiß es selber nicht.

Die Fenster der Vogelstube erhalten ein festes, engmaschiges Drahtgitter – von außen, versteht sich, damit wir unbekümmert Luft und Sonne hereinlassen können. Es empfiehlt sich, den Fensterschutz als kastenförmigen Vorbau anzubringen; dann können die Tiere im Sommer auf der »Terrasse« Sonnenbäder nehmen. Wenn es regnet, ersetzt ihnen diese Naturdusche das sonst übliche, aber in »Papageienkreisen« nicht sehr beliebte Wannenbad.

Die Eingangstür muß besonders gut gesichert sein. Notfalls reicht eine kleine niedrige Tür, da Vögel die angenehme Eigenschaft haben, sich bei Störungen nach oben zu retten. Sie werden somit kaum ausreißen, wenn wir ihr Reich betreten. Sicherer ist jedoch eine Schleuse in Form einer Doppeltür.

Freivoliere

Die Frei- oder Gartenvoliere, ein luftiges Vogelhaus im Grünen, ist der Traum eines jeden fortgeschrittenen Liebhabers. Gerade die zähen Papageien eignen sich sehr gut für den Freilandaufenthalt; Wellensittiche und manche anderen Arten können sogar das ganze Jahr über draußen bleiben, sofern sie über einen warmen Schutzraum verfügen, in den sie sich bei großer Kälte oder bei Dauerregen zurückziehen können.

Nirgendwo kommen die fremdländische Schönheit der Papageien und die Rasanz ihres Fluges besser zur Geltung als in einer großen Voliere, die inmitten von Bäumen, Sträuchern und Blumen steht. Aber ein solcher Anblick ist nur den wenigen Vogelfreunden beschieden, die ein geeignetes Grundstück, einige Mittel und nach Möglichkeit auch solide handwerkliche Fähigkeiten besitzen. In der einfachsten Form besteht die Freivoliere aus einem offenen verdrahteten Flugraum und einem ein- oder angebauten geschlossenen Schutzraum. Der Flugraum wird aus einem stabilen, mit starkem Drahtgeflecht bespannten Metallgerüst errichtet. Das Geflecht muß mindestens 40–50 cm tief in die Erde versenkt werden, damit nicht vögelmörderisches Raubzeug sich unten durcharbeiten kann. Noch besser ist ein ebenso tiefer Betonsockel. Zum Schutz gegen die nicht minder gefährlichen Katzen, die von einer bewohnten Voliere magisch angezogen werden, verdoppelt man am besten rundum das Geflecht, damit die Katzentatzen nicht hineinlangen und einen arglosen Vogel von der Stange holen können.

Alles übrige sei dem Erfindungsreichtum und dem Geschick des Vogelfreundes überlassen, denn wenn er schon so weit ist, sich eine Voliere bauen zu wollen, wird er auch wissen, wie er das anzustellen hat. Im übrigen gibt es einige Bücher mit erprobten Bauanleitungen. Ganz Ungeübte können sich von einschlägigen Firmen vorgefertigte Volierenbauteile kommen lassen, die an Ort und Stelle nur zusammengesetzt und verschraubt werden müssen.

Kletterbaum und Ständer

In der freien Natur wohnen die allermeisten Papageien auf Bäumen, nicht in geschlossenen Käfigen oder Volieren. Richtige

Bäume können wir unseren Vögeln leider nicht bieten, wohl aber eine Baumimitation, einen sogenannten Kletterbaum. Der Vogel merkt den Unterschied kaum; er freut sich vielmehr, daß er wieder einmal richtig umherkraxeln kann.

Ein Kletterbaum ist schnell hergestellt, selbst von Leuten, die zwei linke Hände haben. Man nehme eine flache Holzkiste mit möglichst großen Bodenfläche – falls nicht vorhanden, kann man sie aus einer Spanplatte und vier Leisten in wenigen Minuten zusammennageln –, fülle sie wenigstens 2 cm hoch mit Vogelsand und befestige in der Mitte des Bodens einen mannshohen Baum oder einen kräftigen verzweigten Ast. Die Zweige müssen so weit gekappt werden, daß sie nicht über die Ränder der Kiste hinausragen. Fertig!

Kletterbaum

Scherenschnitt von Bettina v. Arnim (19. Jahrhundert)

Ein Großstadtbewohner, der keinen (legalen) Zugang zu Bäumen und Ästen hat, kann sich mit starken Rundhölzern behelfen, notfalls sogar mit ausgedienten Besenstielen. Man sägt die Rundhölzer oder Stiele in passende Stücke, die über Kreuz an einem kräftigen Mittelstab befestigt werden.

Ähnliche Papageienständer kann man auch fix und fertig kaufen. Sie sind in der Regel aus verchromten Metallrohren zusammengeschweißt. Metall ist zwar haltbarer und vielleicht schicker als Holz, aber sicherlich nicht papageiengemäß. Auf Holz, das er nach Herzenslust beknabbern kann (und das deswegen nach einiger Zeit erneuert werden muß), fühlt sich ein Vogel immer noch am wohlsten!

Selbstverständlich eignet sich ein solcher Kletterbaum nicht als Daueraufenthalt; über Nacht sperren wir unseren gefiederten Akrobaten aus Sicherheitsgründen am besten wieder in seinen Käfig. Er eignet sich auch nicht für alle Papageienarten, sondern nur für die großen unter ihnen, die zudem zahm sein müssen, denn sonst besteht die Gefahr, daß der Vogel, der auf dem Kletterbaum seinen »Urlaub auf Ehrenwort« verbringt, bei der erstbesten Gelegenheit davonfliegt und gar durch ein offenes Fenster das Weite sucht. Wer seinem Krummschnabel in dieser Hinsicht nicht recht traut, dem bleibt nichts anderes übrig, als ihn an seinen Kletterbaum anzuketten oder ihm einen Flügel (nicht beide!) so zu beschneiden, daß er nicht mehr richtig fliegen kann. Beide Maßnahmen widerstreben einem wahren Vogelfreund; außerdem ist die Fesselung nicht ungefährlich. Selbst wenn die am Vogelfuß angebrachte Kette durch Wirbel vor dem Verwinden geschützt ist, kann sie sich leicht verheddern. Wir dürfen also ein angekettetes Tier grundsätzlich nur unter Aufsicht auf seinem Kletterbaum herumturnen lassen. Bei einem stark verzweigten Baum ist die Gefahr besonders groß; hier sollte man auf die Kette ganz verzichten und lieber abwarten, bis der Vogel hinreichend zahm geworden ist.

Sprecherziehung

Intelligenz und Anpassungsfähigkeit – von beidem besitzen die Papageienvögel bekanntlich eine gehörige Portion – sind eine gute Voraussetzung für Erziehungsversuche mancher Art. In der Tat zählen sie zu den wenigen Vögeln, die sich für bestimmte Kunststücke oder für die Nachahmung fremder Laute abrichten lassen. Die Vorführung dessen, was sie von ihrem menschlichen Betreuer gelernt haben, macht ihnen augenscheinlich sogar Spaß. (Dieses Spaßmachen ist übrigens nach meiner Ansicht die einzige moralische Rechtfertigung für jegliche Tierdressur.)

Selbstverständlich sind die Lernfähigkeit und der Lernwille nicht bei allen Papageien im gleichen Maße entwickelt. Manche Arten, insbesondere jene, die schon seit Generationen in »Gefangenschaft« leben und mehr oder weniger zu Haustieren geworden sind, zeigen sich unseren pädagogischen Bemühungen meist zugänglicher als Wildfänge. Auch das Geschlecht scheint eine gewisse Rolle zu spielen: Männchen sind oft bereitwilliger als Weibchen, zumal bei den kleineren Arten. Man hat außerdem die Erfahrung gemacht, daß die kurzschwänzigen Vögel, die der Tierhändler als »Papageien« bezeichnet, durchweg begabter sind als die langschwänzigen »Sittiche«. Doch Ausnahmen bestätigen die Regel: der weitgehend domestizierte Wellensittich ist ein besonders gelehriger Schüler, und sein australischer Vetter, der Nymphensittich, steht ihm kaum nach, auch wenn es mit seiner Sprechbegabung nicht so weit her ist. Als unbestrittener Star auf dem Felde der Gelehrsamkeit gilt indes der afrikanische Graupapagei, der seit Jahrhunderten die Menschen mit seinem drolligen Verhalten und seinen überragenden Sprechkünsten erfreut. Von einem solchen Graupapagei erwartet man geradezu, daß er in jeder Lebenslage und mit jedem beliebigen Menschen weise Gespräche führt. Er ist der Inbegriff des »Sprechvogels« und der Held unzähliger Geschichten, Anekdoten, Witzen und Karikaturen.

Doch bei allem Respekt vor papageiischer Gelehrsamkeit darf man nie vergessen, daß die Papageiensprache mit unserer menschlichen Sprache nichts gemeinsam hat als die annähernde äußerliche Übereinstimmung der Laute. Anders ausgedrückt: Ein Papagei besitzt lediglich die Fähigkeit, unsere Stimme zu imitieren, ohne irgendwelche Vorstellungen oder Begriffe mit seinen Lautäußerungen zu verbinden. Diese Feststellung wird auch nicht durch die oft gehörte Behauptung entkräftet, daß manche Vögel in einem bestimmten Zusammenhang genau die Ausrufe oder Sätze von sich geben, die man von ihnen erwartet. Die Erklärung für diese verblüffende Leistung ist einfach und nur für einen verblendeten Papageiennarren ernüchternd: Der Vogel weiß wirklich nicht, was er sagt, aber er hat ein ausgezeichnetes Gedächtnis und reagiert automatisch auf häufig wiederkehrende Situationen mit bestimmte Lauten. Wenn ein Papagei zum Beispiel auf ein Klopfen an der Tür laut »Herein!« ruft, dann beweist das nicht, daß er menschengleich sprechen kann, sondern vielmehr nur, daß sich ihm ein Ausruf eingeprägt hat, den er den Menschen abgelauscht hat oder der ihm von den Menschen zu diesem Zweck beigebracht wurde.

Das Imitationsvermögen der Papageien erstreckt sich bezeichnenderweise nicht nur auf die menschliche Sprache, sondern auch auf alle möglichen Umweltgeräusche. Der Vogel muß sie nur oft genug gehört haben und als »papageiengerecht« empfinden, um sie in sein Repertoire aufzunehmen. Kein Wunder also, daß manche Vögel wie eine Lokomotive pfeifen, wie eine Straßenbahn rattern oder wie eine schlechtgeölte Tür quietschen.

Es ist natürlich ein Vergnügen, einen solchen gefiederten Stimmen- und Geräuschimitator im Haus zu haben, der überdies noch mancherlei komische Darbietungen zum besten geben kann. Doch große Talente reifen nicht in der Stille, sondern in geduldiger Erziehungsarbeit. Diese Erziehung sollte man allerdings nicht überspannen: Nicht jeder Papagei ist so lernbereit, wie sein ehrgeiziger Besitzer es sich wünscht. In der Papageiensippschaft sind Begabung und Lerneifer genauso ungleichmäßig verteilt wie bei uns Menschen. In krassen Fällen von »Erziehungsverhärtung« soll man den Vogel (und sich selber) nicht unnötig quälen. Wenn ihm unsere Erziehungsmaßnahmen offensichtlich keinen Spaß mehr machen, sollten wir sie ohne Groll aufgeben. Ein Tier mit Gewalt, mit Schimpfen oder gar Stockschlägen zu etwas zu zwingen, was ihm widerstrebt, verstößt nicht nur gegen das Gebot der Tierliebe, sondern führt auch zu nichts. Der falsch behandelte Vogel wird allenfalls scheu, mißtrauisch, bösartig und fürs ganze Leben »verdorben«. Wie gesagt, Papageien haben ein hervorragendes Gedächtnis, und schon ein einmaliges Fehlverhalten des Menschen kann sich ihnen unvergeßlich einprägen.
Man soll also nichts erzwingen oder übertreiben. Mir ist jedenfalls ein lebenslustiger, munterer, gesunder Papagei, der kein Wort hervorbringt und keinerlei Tricks beherrscht, weitaus lieber als ein plappernder lebender Automat, der für seinen Besitzer nichts weiter als ein Renommierstück darstellt. Ein solcher Mann wäre mit einer Stereoanlage besser bedient. Alle »sprechenden« Vögel haben zweifellos etwas Unnatürliches, oft sogar Unheimliches an sich. Doch das ist Geschmackssache, und über Geschmack soll man bekanntlich nicht streiten – schon gar nicht mit tierischem Ernst!
Die Möglichkeit des Scheiterns sollte uns jedoch die sachgemäße Papageienerziehung nicht verleiden. Das erste Erziehungsziel lautet »Zahmheit«. Mit anderen Worten: Der Vogel soll Vertrauen zu uns gewinnen und sein angeborenes Mißtrauen verlieren. Das geht bei Papageien verhältnismäßig leicht, weil diese Vögel erstens dank ihrer Intelligenz einzusehen vermögen, daß wir es gut mit ihnen meinen, und zweitens in der Natur nicht allzu viele Feinde haben und folglich ein vergleichsweise aggressionsfreies Dasein gewöhnt sind.

Ein Tier läßt sich um so einfacher zähmen, je jünger es ist. Das trifft auch auf die Papageien zu. Junge Vögel, die soeben das elterliche Nest verlassen haben und auf eigenen Füßen zu stehen vermögen, eignen sich am besten für den Zähmungsversuch. Ein solches »Waisenkind« wird einen wohlwollenden Menschen am ehesten als brauchbaren Elternersatz akzeptieren. Bei erwachsenen Tieren, die womöglich frisch aus fernen Landen importiert worden sind, ist die Sache bedeutend schwieriger, wenn auch nicht grundsätzlich ausgeschlossen.

Wie geht man nun praktisch vor? Einen recht unkomplizierten Standardweg, der sich bereits millionenfach bewährt hat, will ich im folgenden kurz beschreiben:

Am Anfang steht die Erziehung des Erziehers, denn von ihr hängt weitgehend der Erfolg ab. Der Papageienfreund muß seinen pädagogischen Eifer so lange zügeln, bis sich sein neuer Hausgenosse richtig eingewöhnt hat. Ein Vogel, der bei jeder Bewegung oder jedem Geräusch im Zimmer in wilde Panik gerät, ist als Schüler denkbar ungeeignet. Er braucht nichts als Ruhe und nochmals Ruhe – und natürlich auch ein gutes Futter, von dem wir am Anfang ein wenig auf den Käfigboden streuen, damit der durch die Umstellung verstörte Insasse es leichter findet und nicht vor lauter Schüchternheit vom Fleisch fällt. Ferner sollten wir uns am Anfang dem Vogel stets nur behutsam nähern und ihm mit ruhiger, freundlicher Stimme gut zureden. Den Kopf hält man dabei möglichst in Käfighöhe: Daß ein kleiner Vogel vor einem Menschen, der sich in ganzer Länge vor ihm aufbaut, einen Mordsschrecken bekommt und wie verrückt umherflattert, liegt auf der Hand. Ganz falsch wäre es, schon am ersten Tag die gesamte Verwandtschaft zur Bewunderung der exotischen Neuerwerbung zusammenzutrommeln. Viele fremde Gesichter, die sich erwartungsvoll und unter begeisterten Ausrufen um den Käfig versammeln, können mehr Schaden anrichten, als ein einzelner Mensch hinterher wiedergutmachen kann!

Hat das Tier seine ursprüngliche Schreckhaftigkeit abgelegt, können wir mit dem Unterricht beginnen. Zunächst versuchen wir, ihn an unsere Hand zu gewöhnen, ihn »handzahm« zu machen. Wir nehmen ein Stöckchen und schieben es durch das Käfiggitter vor den ruhig dasitzenden Vogel. Zeigt er sich abweisend, streichen wir mit dem Stöckchen leicht über seinen

Bauch, bis er es beachtet und schließlich als Sitzstange annimmt. Damit ist schon viel gewonnen. Diese erste Übung wird so oft geduldig wiederholt, bis sie auf Anhieb klappt. Dann erst folgt die zweite Stufe: Wir feuchten den Zeigefinger an, tauchen ihn in das Futter und halten dem Vogel dann die »nahrhafte« Fingerspitze vor den Schnabel. Bei größeren Papageien, deren grobes Futter sich dafür nicht eignet, nimmt man statt dessen einen kleinen Leckerbissen zwischen die Fingerspitzen.

Leider hat unser gefiederter Freund meist gerade keinen Appetit, wenn wir Lust und Zeit haben, ihn so zu verwöhnen. Doch nur Geduld: Zum Schluß knabbert er uns mit verschämtem Kopfnicken die Körner vom Finger, und bald nimmt er sogar auf unserer Hand Platz. Voll unendlichen Vertrauens umklammert der zierliche warme Vogelfuß zum erstenmal unseren groben Menschenfinger.

Jetzt nur nichts überstürzen: Wir dürfen das neugewonnene Zutrauen nicht dadurch gleich wieder zerstören, daß wir den Vogel vor lauter Liebe packen und aus dem Käfig holen, in dem er sich allmählich erst geborgen zu fühlen beginnt. Das wäre ein »Mißgriff« im wahrsten Sinn des Wortes, den uns das Tier vielleicht nie verzeihen würde. Apropos, kein Vogel, auch nicht der zahmste, läßt sich gerne von einem Menschen mit der Hand greifen. Solche Handgreiflichkeiten wenden wir nur an, wenn sie unumgänglich sind, beispielsweise beim Krallenschneiden. Sonst lassen wir unseren Papagei entweder von allein durch die offene Käfigtür hervorkommen, oder wir setzen ihn, wie oben beschrieben, auf einen Stock und heben ihn heraus.

Sobald der Vogel richtig zahm und zutraulich geworden ist, können wir, wenn wir wollen, mit dem Sprachkurs anfangen. Übung macht auch hier den Meister. Man spricht dem Schüler die zu lernenden Wörter immer wieder ruhig und langsam vor, bis sie sitzen. Die »blaue Stunde« ist die beste Zeit für dieses traute Zwiegespräch zwischen Mensch und Vogel. Dabei darf der Schüler durch nichts abgelenkt werden.

Als erstes sollte er seinen Namen lernen, der möglichst vokalreich, wohlklingend und einprägsam sein muß. Einen kleinen Papagei, zum Beispiel einen Wellensittich, kann man Peter, Pitt, Fritz, Schatzi, Karli oder Charlie taufen. Großpapageien scheinen auf Namen wie Lora oder Jakob abonniert zu sein, doch ein bißchen mehr Phantasie könnte auch hier nichts schaden. Nach und nach kommen dann neue Vokabeln hinzu, schließlich sogar kleine Sätze. Der Lehrstoff muß in kleinen Raten mitgeteilt und ständig wiederholt werden. Diese erprobte Methode führt sicherlich eher zum Ziel als die Verabreichung von sogenannten Sprechkörnern und -perlen, die vielfach angepriesen werden. Das früher zuweilen praktizierte »Zungenlösen« ist nichts anderes als eine völlig sinnlose Tierquälerei. Reden wir nicht weiter davon!

Geduld, nur Geduld – er schafft es schon. Aber hinterher darf man sich nicht wundern, wenn er ungebetene Gäste mit einem grimmigen »Rrraus!«, den fanatischen Abstinenzler mit »Eins, zwei, gsuffa!« begrüßt, oder wenn er gar in ein sardonisches »Haha!« ausbricht, ehe noch der Ehrengast die Pointe seines Witzes erreicht hat!

Die Zucht

Die meisten Papageienliebhaber begnügen sich mit der Haltung eines Einzelvogels und scheinen gar nicht auf den Gedanken zu kommen, daß dieser gefiederte Einsiedler wie jedes Lebewesen auf der Welt ein Geschlecht und das natürliche Verlangen hat, mit einem geeigneten Gefährten respektive einer geeigneten Gefährtin eine Familie zu gründen. Zum Glück können sie ihre erzwungenen Einsamkeit ohne ernsthafte Gesundheitsstörungen und ohne Neurosen ertragen (doch ganz genau weiß man das nie!) und sind offenbar zufrieden, wenn ihnen ein liebevoller Mensch den artgleichen Partner ersetzt. Das geht dann allerdings manchmal so weit, daß der Vogel den geliebten Zweibeiner oder gar irgendeinen toten Gegenstand regelrecht anbalzt – ein rührender und zugleich sehr nachdenklich stimmender Beweis tierischer Anhänglichkeit. Fast jeder Halter eines alleinstehenden Wellensittichherrn wird das bestätigen können.

Soviel steht zweifelsfrei fest: Die Fortpflanzung entspricht als Mittel der Arterhaltung einem naturgegebenen Bedürfnis. Man sollte sie deshalb nach Möglichkeit anstreben, nicht nur den einzelnen Vögeln zuliebe, die nur so ihren natürlichen Lebenszyklus vollenden, sondern auch im Interesse des allgemeinen Natur- und Umweltschutzes. Denn Tiere, die sich in der Gefangenschaft fortpflanzen, tragen zur Schonung ihrer freilebenden Artgenossen bei. Das ist so zu verstehen: Kann der ständig wachsende Bedarf an Stubenvögeln weitgehend aus hiesigen Zuchten gedeckt werden, brauchen weniger Vögel aus ihrem angestammten Lebensraum herausgerissen und unter Verlusten, die beim Transport unvermeidlich sind, zu uns nach Europa verfrachtet zu werden. Wer Tiere liebt und sich Sorgen um die Erhaltung der Tierwelt auf unserem bedrohten Planeten macht, wird sicherlich ein unbehagliches Gefühl haben bei dem Gedanken, daß um seiner Liebhaberei willen die Vogelbestände in irgendeiner fernen Weltgegend gelichtet werden müssen.

Das gilt freilich nur für die selteneren Papageienvögel, nicht etwa für den Wellensittich und die anderen gängigen Arten, deren Ausfuhr ohnehin seit langem verboten ist und die, sofern sie in unseren Käfigen und Volieren leben, bei uns gezüchtet worden sind. Hier besteht eher die Gefahr, daß durch wahllose Zucht aus kommerziellen Motiven oder aus biologischem Unverstand mehr verdorben als gutgemacht wird, ähnlich wie bei der modernen Massen-Hundezucht. Durch solche trüben Überlegungen brauchen wir uns jedoch nicht die Freude an unserem Wellensittichpärchen nehmen zu lassen, das unter unserer Obhut brütet und Junge großzieht. Dies freudige Ereignis ist ein Höhepunkt im Dasein des passionierten Vogelhalters und überdies, wie bereits andernorts gesagt, ein Beweis dafür, daß er seine Schützlinge vorbildlich betreut.

So weit, so gut. Die Vogelkinder, die aus einer solchen Wellensittichehe hervorgehen, wird der Amateurzüchter leicht los. Er hat bestimmt genug Verwandte, Bekannte oder Freunde, die sich gern einen »selbstgezogenen« Jungvogel schenken lassen. Doch sobald aus dem Amateurzüchter ein Halb-Profi oder gar ein Voll-Profi wird, der mit mehreren Vogelpärchen regelmäßig züchtet und diesen Nachwuchs weiterverkauft, wird die Sache problematisch – aus einem doppelten Grund: Erstens benötigt man zur systematischen Zucht gewisse Kenntnisse, damit die Zuchtprodukte auch wohl geraten. Wer ein echter Vogelzüchter werden will, sollte die Mendelschen Vererbungsgesetze (und einiges mehr) im Kopf und einen Haufen Spezialliteratur im Regal haben; sonst läßt er besser die Finger davon. Zweitens muß er bedenken, daß die Zucht von Wellensittichen – und allgemein von Papageienvögeln – grundsätzlich genehmigungspflichtig ist und die Erfüllung bestimmter Formalitäten bedingt. Aus dem Wust der einschlägigen Gesetzesvorschriften und Verordnungen zitiere ich nur ein paar entscheidende Sätze, die in § 61d des »Viehseuchengesetzes« enthalten sind:

»Wer Papageien oder Sittiche halten und von diesen Tieren Nachkommen aufziehen (Züchter) oder diese Tiere halten und sie lebend gegen Entgelt an andere abgeben will (Händler), bedarf der Genehmigung der zuständigen Behörde. Die Genehmigung wird erteilt, wenn der Antragsteller die für die Haltung und Pflege der Tiere erforderliche Zuverlässigkeit und Sachkunde besitzt und wenn die erforderlichen Räumlichkeiten vorhanden sind, in denen im Falle des Auftretens der Psittakose eine wirksame Seuchenbekämpfung möglich ist. Die Genehmigung kann widerrufen werden, wenn die Voraussetzungen nach Satz 2 nicht mehr vorliegen. Züchter und Händler haben die Tiere mit Fußringen zu kennzeichnen sowie über Aufnahme oder Erwerb und Abgabe der Tiere, über Beginn und Dauer einer Behandlung gegen Psittakose und die dabei verwendeten Arzneimittel Buch zu führen. Die Bücher sind auf Verlangen der zuständigen Behörde oder deren Beauftragten vorzulegen.«

Die leidige Psittakose (siehe Seite 112f.) oder Papageienkrankheit ist schuld an dem ganzen Papierkrieg, den der Papageienzüchter zu führen gezwungen ist. Doch wie gesagt, der Zufallszüchter, der hin und wieder zum Privatvergnügen ein paar Vogelkinder großzieht und im Bekanntenkreis verschenkt, braucht sich von den Paragraphen nicht gleich einschüchtern zu lassen. Nur der gewerbsmäßige Züchter oder Händler benötigt eine Genehmigung der zuständigen Behörde (Ortspolizei). Er muß außerdem alle seine Papageienvögel beringen und über ihr Woher und Wohin genauestens Buch führen. Die amtlichen Fußringe und das vorgeschriebene »Nachweisbuch« sind erhältlich beim Zentralverband Zoologischer Fachgeschäfte Deutschlands e. V., Hauptgeschäftsstelle: 6057 Dietzenbach 1, Frankfurter Straße 17. Wenn jemand nicht recht weiß, ob er als Züchter nur ein Amateur oder bereits ein Gewerbsmäßiger ist, sollte er sich bei seiner Polizeibehörde erkundigen. Vorsicht ist besser als nachträglicher Ärger!

Nach diesen theoretischen Erörterungen, die leider notwendig waren, wollen wir uns jetzt der praktischen und weitgehend erfreulicheren Seite der Papageienzucht zuwenden. Ich kann hier natürlich nur ein paar grundsätzliche Bemerkungen anbringen, die mehr oder weniger auf alle Vertreter der Papageiensippschaft zutreffen (siehe unter Papageienarten).

Nahezu alle Papageienvögel, zumindest jene, die üblicherweise in die Hände der Liebhaber gelangen, sind sogenannte Höhlenbrüter. Dieser Fachbegriff der Ornithologen bedeutet, daß die Krummschnäbel nicht wie etwa unsere einheimischen Singvögel ein kunstvolles Nest im Gezweig bauen, sondern ihre Eier in hohlen Baumstämmen, zum Teil auch in Erdhöhlen oder Felsspalten, ohne Verwendung von viel Nistmaterial, ablegen und ausbrüten. Dieses unaufwendige Brutverhalten der Papageien hat für den Pfleger gewisse Vorteile: Er braucht seinen Vögeln nur einen geeigneten Nistkasten zur Verfügung zu stellen, den er im Fachhandel für wenig Geld erstehen oder aus ein paar Brettchen leicht selber basteln kann. Besonders schön und natürlich wirken Nisthöhlen aus Naturstämmen, die von verschiedenen Firmen angeboten werden. Man muß allerdings darauf achten, daß die Maße der Nistgelegenheit der Körpergröße der jeweiligen Vögel entsprechen. Sie sollte eher etwas zu eng als zu groß sein.

Der in der Regel hochformatige Kasten hat oben in der Vorderfront ein kreisrundes Einflugloch, das nur so groß sein darf, daß die Vögel bequem hinein- und herausschlüpfen können. Manche Arten wünschen sich noch eine weitere Bequemlichkeit in Gestalt einer kleinen Anflugstange unter dem Schlupfloch, auf der sie sich niederlassen, bevor sie ihre Brutkammer betreten.

Die Inneneinrichtung der Kinderstube ist einfach. Sie besteht normalerweise nur aus einer dicken Schicht (ca. 3 cm) Sägemehl und/oder Torfmull. Zusätzlich reicht man einem brütlustigen Papageienpaar frische Zweige, die mit dem Schnabel zerschlissen und von manchen Arten in den Kasten eingetragen werden. Die frischen Rindenschnipsel sorgen für die nötige feuchte Wärme in der Nistkammer. Bei verhältnismäßig hohen Kästen kann man den Vögeln den Ausstieg erleichtern, indem man an der Vorderseite innen kleine Leisten übereinander nagelt, die wie ein Leiterchen zum Einflugloch führen.

Der Nistkasten wird für die meisten Arten möglichst hoch in der

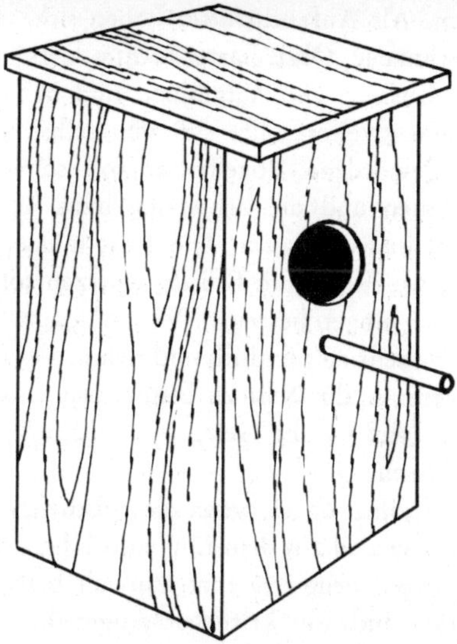

Papageienbehausung angebracht, doch nicht direkt unter der Decke, sondern so, daß die Tiere sich noch auf ihn setzen können. Daß für die Zucht nur ein sehr geräumiger Käfig oder besser noch eine Voliere in Betracht kommt, liegt auf der Hand. Es empfiehlt sich übrigens, dem Brutpaar nicht nur eine Nistgelegenheit anzubieten, sondern mindestens zwei verschiedene Typen, damit es sich das ihm gemäße Modell aussuchen kann. Sobald sich die Vögel endgültig entschieden haben, werden die abgelehnten Kästen wieder entfernt.

Nachdem der Papageienfreund auf die hier beschriebene Weise die besten Voraussetzungen für die Gründung einer Vogelfamilie geschaffen hat, kann die Natur ihren Lauf nehmen. Nach der Balz und Paarung legt das Weibchen seine Eier im Nistkasten ab. Bei manchen Arten sind das nur zwei, bei anderen, zum Beispiel beim Wellensittich, bis zu zehn. Die Brutdauer, also die Zeit zwischen der Eiablage und dem Ausschlüpfen der Jungen, beträgt bei Papageien im Durchschnitt 20–25 Tage. Die ausgeschlüpften Jungen, die sogenannten Nestlinge, bleiben meist noch zwei Wochen oder länger in der Kinderstube und werden von den Eltern regelmäßig gefüttert. Es versteht sich, daß die Altvögel gerade in dieser Zeit besonders gut ernährt werden müssen. Als Aufzuchtfutter haben sich angekeimte Samenkörner, Grünzeug, Obst, hartgekochtes, zerstückeltes Eigelb, Eibiskuit und Zusätze von Vitaminen und Mineralstoffen bewährt. Noch ein zweites sollte sich von selbst verstehen: Der zum Züchter gewordene Vogelhalter soll seine verständliche Neugier bezähmen und die brütenden bzw. atzenden Vogeleltern möglichst in Ruhe lassen. Die Tiere müssen sich ganz geborgen fühlen, wenn sie zum Brüten ansetzen sollen und wenn sie ihre Eier und Jungen betreuen. Viele Papageienarten sind in dieser Beziehung sehr empfindlich und nehmen es ihrem Betreuer sofort übel, wenn er ihr Nest zu inspizieren versucht. Es kann sogar passieren, daß sie ihr Gelege gänzlich aufgeben und zugrunde gehen lassen.

Der große Augenblick ist da, wenn die wuscheligen Vogelkinder zum erstenmal zögernd aus dem Einflugloch hervorkommen und mit blanken Augen neugierig ihre Umwelt betrachten. Das ist freilich zuweilen auch ein kritischer Augenblick, denn manche Papageienväter scheinen etwas gegen ihren flügge gewordenen Nachwuchs zu haben und attackieren ihn unerbittlich, sobald er sich erstmals in der Öffentlichkeit zeigt. Der Züchter muß also seine Vogelfamilie anfangs ständig im Auge behalten und gegebenenfalls die gefährdeten Kinder herausfangen und anderswo unterbringen.

Das alles schreibt sich so leicht hin, doch in Wirklichkeit ist die Zucht von Papageien nicht ganz so einfach. Die Schwierigkeiten fangen schon mit der Auswahl eines brauchbaren Zuchtpaares an. Die Gleichung »Männchen + Weibchen = Nachwuchs« geht bei Papageien keineswegs immer glatt auf. Die beiden Geschlechter müssen auch richtig zusammenpassen, sie müssen, wenn man so will, einander »lieben«. Ob sie sich mögen, merkt man schon sehr bald an ihrem Verhalten. Bei Tieren, die nichts miteinander im Sinn haben, sind alle Mühen und alle Hoffnung auf Nachkommen vergeblich. Da hilft auch die schönste Voliere oder der schönste Nistkasten nichts!

Zu allem Überfluß ist es bei vielen Arten auch noch verteufelt schwer, die Geschlechter überhaupt auseinanderzukennen, weil sie äußerlich völlig gleich aussehen. Hier kann sich selbst der erfahrene Zoohändler irren, der uns in bester Absicht ein »garantiert einwandfreies Zuchtpaar« verkauft. In einem solchen Fall bleibt einem leider nichts anderes übrig, als so lange Partnertausch zu praktizieren, bis man endlich Männlein und Weiblein beieinander hat. Das geht ins Geld und setzt dem Wunsch nach Papageiennachwuchs Grenzen.

Doch selbst wenn man ein zusammenpassendes Paar besitzt, das seine wechselseitige Zuneigung durch Aneinanderschmiegen, Kraulen und »Schnabelküsse« ausdrückt, ist der Erfolg noch keineswegs sicher. Die meisten Papageienarten sind im entscheidenden Punkt sehr heikel und lassen sich viel Zeit, falls sie sich überhaupt zum Brüten entschließen.

Hier sind für den künftigen Papageienhalter noch große Lorbeeren zu erringen. Im Ernst: Wer ein gutes Zuchtpaar einer ausgefallenen und als schwierig bekannten Papageienart besitzt, sollte seinen ganzen Ehrgeiz darein setzen, es zur Zucht zu bewegen und sich auch nicht scheuen, seine Erfahrungen zu veröffentlichen, damit andere Züchter davon profitieren können. (Ein Tip am Rande: Ein gewissenhafter Vogelhalter führt ein »Tagebuch«, in dem er alle besonderen Vorkommnisse in Käfig oder Voliere mit genauen Zeitangaben vermerkt. Solche Aufzeichnungen können sich bei der Abfassung eines »Zuchtberichts« für eine Fachzeitschrift als überaus nützlich erweisen.)

Damit hat sich der Kreis dieses Kapitels geschlossen. Jeder Vogelliebhaber darf und soll sich darüber freuen, wenn seine Schützlinge brüten und Kinder aufziehen. Doch wichtig ist vor allem die Nachzucht jener Papageienarten, die sich in menschlicher Obhut bislang nur selten oder überhaupt nicht vermehrt haben. Ein derartiger Zuchterfolg ist nicht nur für den Halter ein großer persönlicher Triumph, sondern indirekt auch ein wertvoller Beitrag zum Schutz der exotischen Vogelwelt!

Krankheiten

Kein Lebewesen in unserer unvollkommenen Welt ist gegen Krankheiten und Verletzungen gefeit, nicht einmal die widerstands- und anpassungsfähigen Papageien. Doch immerhin unterscheiden sie sich auch darin positiv von den meisten anderen Heimvögeln, daß sie uns in dieser Hinsicht nur selten Kummer machen.

Auf diese seltenen Fälle sollte man jedoch einigermaßen vorbereitet sein, damit man so früh wie möglich eingreifen kann, denn das rechtzeitige Erkennen einer gesundheitlichen Störung und die sofortige Einleitung geeigneter Gegenmaßnahmen sind oft von lebensrettender Bedeutung. Leichte Erkrankungen kann auch der nicht tiermedizinisch vorgebildete Vogelhalter mit einigem Erfolg behandeln, bei jeder schweren, andauernden oder unerklärlichen Gesundheitsstörung ist allerdings ein unverzüglicher Gang zum Tierarzt unvermeidlich. (Es ist gut, wenn man sich schon vor dem Ernstfall erkundigt hat, wo in der Nähe ein Arzt wohnt, der sich mit Vogelleiden auskennt.)

Woran merken wir nun, ob unser Papagei krank ist? Nicht alle Symptome sind für den Laien ohne weiteres erkennbar und deutbar, aber aus manchen äußeren Anzeichen kann er mit ziemlicher Sicherheit den Schluß ziehen, daß mit seinem Vogel etwas nicht stimmt. Diese unübersehbaren Symptome – unübersehbar zumindest für den, der seine Schützlinge laufend beobachtet – lassen sich wie folgt zusammenfassen:

1. Veränderung des üblichen Verhaltens. Das Tier wirkt entweder völlig apathisch oder auffallend unruhig.

2. Freßunlust. Der erkrankte Vogel frißt kaum noch oder stochert mit dem Schnabel im Futternapf herum, ohne etwas zu sich zu nehmen.

3. Aufgeplustertes, struppiges Gefieder. Der (erkältete) Vogel plustert sich auf, um den Wärmeschutz seines Federkleides zu erhöhen.

4. Unnatürlich gesteigertes Schlafbedürfnis. Der Vogel sitzt am hellichten Tag oft völlig teilnahmslos auf der Stange und hat den Kopf unter die Flügel gesteckt. Man sollte jedoch nicht jedesmal in Panik geraten, wenn das Tier zwischendurch ein wohlverdientes Nickerchen macht. Deshalb dieser zusätzliche Hinweis: Ein gesunder Papagei ruht beim Schlafen in der Regel auf einem Bein, ein kranker und geschwächter dagegen auf beiden Beinen.

5. Trübe oder entzündete Augen, die nicht so neugierig und aufmerksam blicken wie sonst.

6. Dünnflüssiger oder verfärbter Kot und verschmierte Afterfedern.

7. Atembeschwerden.

Der Papageienhalter, dem eine oder gar mehrere dieser Veränderungen auffallen, muß auf der Stelle etwas unternehmen. Als erstes wird das erkrankte Tier isoliert, falls es mit anderen Vögeln zusammen lebt. Dazu braucht man einen Extrakäfig, nach Möglichkeit einen speziellen Kranken- oder Hospitalkäfig, der mit Glühbirnen geheizt werden kann. Wärme ist nämlich bei leichteren Erkrankungen das bewährteste und einfachste Universal-Hausmittel, das häufig schon nach kurzer Zeit Besserung schafft.

Bei einzeln gehaltenen Vögeln erübrigt sich natürlich die Umquartierung in einen anderen Käfig. In diesem Fall sollte man die Vogelwohnung zunächst einmal gründlich reinigen, ohne den leidenden Insassen unnötig zu beunruhigen. Der Boden wird ausgewaschen und anschließend nicht wie üblich mit Sand, sondern mit alten Zeitungen bedeckt, damit man die Menge und Beschaffenheit der Ausscheidungen leichter kontrollieren kann. Für die Wärmezufuhr sorgt ebenfalls eine Glühbirne oder aber ein Heizkissen, das man unter den Käfig schiebt; diese etwas unkonventionelle Methode habe ich schon mehrere Male erfolgreich angewandt. Damit die Wärme nicht zu schnell entweicht und der Patient sich sicher und geborgen fühlt, wird der Käfig teilweise mit einem Tuch abgedeckt.

Bei Verdauungsstörungen und leichten Erkältungskrankheiten,

mit denen es der Vogelfreund am ehesten zu tun hat, wirkt eine zusätzliche Bestrahlung mit Infrarotlicht oft Wunder. Man benutzt dazu eine Heizsonne, wie sie in den meisten Haushalten vorhanden sein dürfte (Achtung: nur Rotlicht einschalten!), oder eine Infrarotbirne, die in jede Tisch- oder Stehlampe eingeschraubt werden kann. Zum Käfig bzw. zu seinem kranken Bewohner sollte man die Lampe in einem Abstand von etwa 50 cm halten und durch eine entsprechende Abdeckung dafür sorgen, daß der Vogel nach Wunsch den intensiven Strahlen ausweichen kann.
Falls unser gefiederter Patient nach ein- oder zweitägiger Isolierung und Wärmebehandlung bei leichtverdaulicher Schonkost nicht sichtlich genesen ist oder gar noch hinfälliger wirkt, muß er gezielt behandelt werden.

Die folgende Übersicht erfaßt die wichtigsten Krankheiten und Beschwerden, die Papageienvögel befallen können und enthält einige praktische Hinweise auf die möglichen Gegenmaßnahmen. Wo Laienhilfe versagt, beginnt die Kunst des Tierarztes. Langes Herumpfuschen bei unklarer Diagnose und mit unzulänglichen Mitteln ist verwerflich, auch wenn es sich »nur« um einen kleinen Wellensittich handelt!
Fangen wir mit jener Krankheit an, deren volkstümlicher Name unglücklicherweise (und zu Unrecht, wie wir gleich sehen werden) mit den Papageien verknüpft ist:

Papageienkrankheit
Von dieser grippeähnlichen Viruserkrankung, die vornehmer als Psittakose bezeichnet wird, erfährt man im allgemeinen nur durch die Boulevardpresse. Zum Glück hat sie seit der Entdekkung der Antibiotika weitgehend ihren Schrecken verloren. Immerhin, es gibt sie, und ein paar aus Südamerika importierte Papageien, bei denen man um 1920 den Virus fand, sind schuld daran, daß sie bis heute Papageienkrankheit heißt. Jetzt wird die Einfuhr der Tiere streng überwacht. Wegen dieser Krankheit, die auch dem Menschen gefährlich werden kann, müssen übrigens alle Papageienvögel Fußringe tragen, über die Händler und Züchter genauestens Buch führen, damit beim (sehr unwahrscheinlichen) Ausbruch einer Epidemie alle registrierten

Tafel VII. Molukkenkakadu, einer der prächtigsten Papageienvögel.

Tiere leicht ermittelt werden können. Dabei ist es mittlerweile erwiesen, daß nicht nur Papageien, sondern auch viele andere Vögel, zumal die Großstadttauben, Virusträger und somit potentielle Krankheitsüberträger sein können. Deshalb gebrauchen Einsichtige zur Bezeichnung der Krankheit seit längerer Zeit den allgemeinen Begriff Ornithose, zu deutsch Vogelkrankheit.
In welcher Form sie sich äußert, beschreibt Dr. A. Kemna in seinem Buch »Krankheiten der Stubenvögel« folgendermaßen: »Die Ansteckung erfolgt durch Speichel und Kot. Die Erreger werden beim Flattern mit dem Staub aufgewirbelt, eingeatmet und verschluckt ... Erscheinungen: Nach einer Inkubationszeit (Anlaufzeit) von 5–30 Tagen beim Papagei treten Mattigkeit, Freßunlust, Schlafsucht, Atembeschwerden und Nasenausfluß auf. Später folgen Krämpfe, Lähmungen, Abmagerung, heftiger schleimig-wäßriger oder blutiger Durchfall. Die Krankheitszeichen sind nicht bezeichnend und können zum Teil fehlen. Sicher ist nur die Diagnose durch Erregernachweis möglich.«
Diese schreckenerregende Darstellung soll uns die Freude an den Papageien nicht verleiden. Längst nicht jeder Vogel, der die genannten Symptome zeigt, leidet an Ornithose. Doch bei begründetem Verdacht sollte man sofort einen Tierarzt zu Rate ziehen. Es besteht Anzeigepflicht.

Magen- und Darmbeschwerden

Bei Verstopfung, meist durch falsche Ernährung bedingt, versucht der Vogel vergebens, seinen Kot durch Pressen und Wippen mit dem Hinterleib loszuwerden. Die Symptome sind unverkennbar. Wie beim Menschen hilft hier Rizinusöl, das man mit einer Pipette eingibt, entweder in den Schnabel oder, bei größeren Vögeln, als Einlauf in den After.
Durchfall, der verschiedene Ursachen haben kann (verdorbenes Futter, Erkältung, Würmer, Bakterien), ist an den dünnflüssigen Ausscheidungen leicht zu erkennen. Vielfach sind auch die Afterfedern verklebt. Der erkrankte Vogel muß sogleich isoliert werden und erhält Pfefferminz- oder Fencheltee. Man kann zusätz-

Tafel VIII. Hellroter Ara oder Arakanga.

lich etwas feinkörnige Kohle (Spezialkohle für Vögel gibt es in jedem Zoofachgeschäft zu kaufen) unter das Körnerfutter mischen. Kein Grünzeug geben, dafür aber reichlich leichtverdauliche Kolbenhirse, die auch von kranken Vögeln meist gern genommen wird. Dauern die Krankheitserscheinungen länger an, muß der Patient dem Tierarzt gezeigt werden.
Bei allen Magen- und Darmstörungen ist, wie bereits gesagt, hohe Wärme (ca. 30°) ein probates Mittel, das man stets als erstes anwenden sollte.

Parasitenbefall
Als Vogelparasiten treten vor allem rote Milben auf. Sie bewirken einen starken Juckreiz und infolgedessen eine ungewöhnliche Beunruhigung des befallenen Tieres, das sich pausenlos kratzen und putzen muß und nachts nicht mehr schlafen kann. Um die Probe aufs Exempel zu machen, behängt man den Käfig über Nacht mit einem weißen Tuch. Findet man am anderen Morgen winzige rote Pünktchen auf dem Tuch, muß der Vogel mit einem geeigneten Insektenspray aus dem Fachgeschäft behandelt werden. Der Spray wird so unter das Gefieder gesprüht, daß er auch die Haut erreicht. Die empfindlichen Augen deckt man dabei mit der Hand oder mit einem kleinen Papierkragen ab. Außerdem sollte der ganze Käfig gründlich geschrubbt und desinfiziert werden, damit die Milben in ihren Schlupfwinkeln absterben.
Milben und andere Schmarotzer (Läuse, Federlinge usw.) kommen bei einzeln gehaltenen Papageien sehr selten vor. Gefährdet sind durchweg nur neugekaufte Tiere.

Geschwüre und Tumoren
Hautgeschwüre schneidet man vorsichtig mit einer scharfen Rasierklinge auf und preßt den weißlichen Inhalt aus. Die behandelte Stelle wird hinterher mit einem Desinfektionsmittel bestrichen. Die Entfernung von (äußerlich sichtbaren) Tumoren, die bei alten Papageienvögeln nicht selten auftreten, überläßt man am besten einem Tierarzt. Die kleine Operation lohnt sich, da Tumoren die häßliche Eigenschaft haben, immer weiter zu wuchern.

Verletzungen

In dieser Beziehung sind Papageien nicht besonders anfällig. Doch hin und wieder können sie einmal einen Schnitt oder einen Knochenbruch davontragen. Wunden bepinselt man mit einem Antiseptikum und überläßt alles Weitere dem guten Heilfleisch des Vogels.

Auch bei Bein- oder Flügelbrüchen, die den Verletzten nicht allzusehr behindern, vertrauen wir auf die Heilkraft der Natur. Vorsorglich setzen wir jedoch den Vogel eine Zeitlang in ein enges Gehäuse, wo er nicht so große Sprünge machen kann. Das ist besser als langes Herumfummeln mit winzigen Knochenschienen, Faden, Mullbinden und Leukoplast. Nur in schweren Fällen muß das gebrochene Glied ordnungsgemäß geschient werden. Wer es sich selber nicht recht zutraut, bringt den Patienten lieber zu einem Vogelfachmann oder zum Tierarzt.

Übermäßiges Krallen- und Schnabelwachstum

Käfigvögel haben oft nicht genügend Gelegenheit, ihre Krallen und Schnäbel auf naturgemäße Weise abzunutzen. Die Folge: überlange Krallen, die sich ständig im Drahtgeflecht verheddern, oder wuchernde Schnabelhornhaut, die den Vogel schließlich sogar am Fressen hindern kann. Diese unangenehmen Erscheinungen lassen sich weitgehend vermeiden, wenn der Papagei stets Holzstücke oder frische Zweige zum Beknabbern vorfindet und seine Krallen auf nicht zu dünnen Naturzweigen abnutzen kann.

Doch wenn das Unglück einmal passiert ist, muß möglichst rasch etwas geschehen. Die überlangen Krallen werden mit einer stabilen, scharfen Nagelschere gekürzt. Man umfaßt den Vogel behutsam mit der Hand, so daß nur die Läufe zwischen den Fingern herausragen. Man hält die Krallen gegen das Licht, damit die feinen Adern in ihnen sichtbar werden, und schneidet die Enden unmittelbar vor der Ader sauber ab.

Bei großen und kräftigen Papageien ist dieser Eingriff nicht ganz so einfach. Hier ist unter Umständen wieder mal ein Gang zum Tierarzt fällig. Das gleiche gilt auch für den Fall einer starken Schnabelwucherung, bei der die Schere des Unerfahrenen mehr Schaden als Nutzen stiften kann.

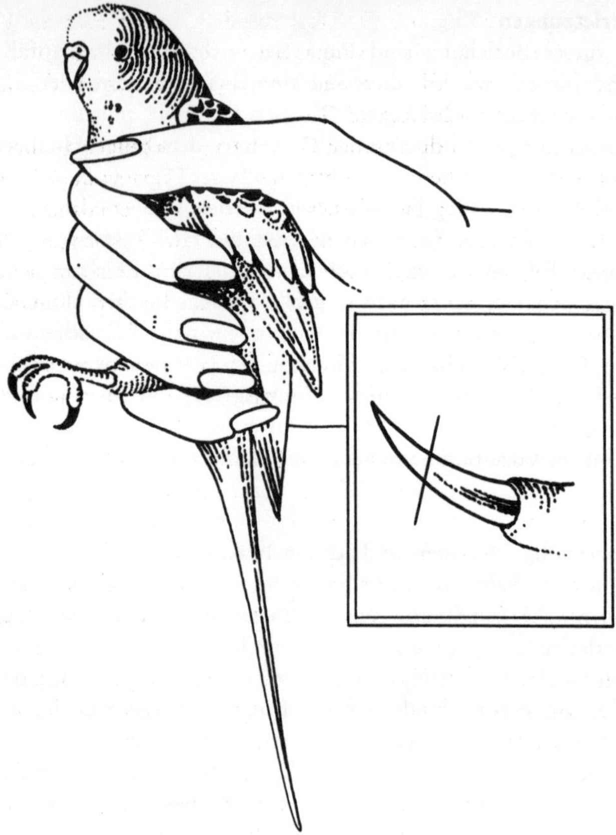

Federrupfen

Das Ausrupfen der eigenen Federn ist zwar keine richtige Krankheit, sondern eher eine lästige Untugend, nicht viel anders als das Nägelkauen. Es kann den Übeltäter auf die Dauer ziemlich entstellen und dem Besitzer die Freude an seinem Hausgenossen verleiden. Letzterer ist freilich meist nicht ganz unschuldig an dieser Entwicklung, denn als Hauptursachen des Federrupfens gelten unzureichende Ernährung des Vogels, besonders Vitaminmangel, zu wenig Bewegung, Milbenbefall, Sauerstoffmangel oder einfach Langeweile und fehlende Ansprache.

Normalerweise läßt sich das Übel abstellen, indem man die Ursachen abstellt. Es gibt jedoch vereinzelt eingefleischte Federrupfer, bei denen alle Gegenmaßnahmen zu versagen scheinen. Da helfen nur Nachsicht und Geduld.

Im übrigen gilt auch hier der Grundsatz: Vorbeugen ist besser als heilen. Ein vorbeugend richtig gepflegter Papagei kann jahre- oder jahrzehntelang bei uns leben, ohne daß er jemals ernstlich erkrankt. Doch darüber hinaus sollte der auf Vorbeugung bedachte Vogelfreund noch folgende speziellen Ratschläge beherzigen, die sich mühelos aus den vorstehenden Krankheitsbeschreibungen ableiten lassen:

1. Nur solche Papageien erwerben, die aus gesunden Zuchten stammen bzw. die gesetzlich vorgeschriebene Quarantäne hinter sich haben.
2. Das Verhalten und Befinden des Vogels ständig beobachten.
3. Die Vogelexkremente regelmäßig inspizieren.
4. Den Käfig ab und zu, möglichst einmal im Jahr, gründlich säubern und desinfizieren.
5. Allzu innigen Kontakt mit den Vögeln vermeiden, also nicht mit dem Mund füttern (eine beliebte Unsitte) und keine Küßchen geben.
6. Dem Futter oder Trinkwasser regelmäßig ein gutes Vitaminpräparat aus der Apotheke (Abteilung Tiermedizin) oder dem Zoofachgeschäft zusetzen.
7. Den Vögeln stets Kalk in Form von Sepiaschalen, Vitakalk oder notfalls zerstoßenen Eierschalen verabreichen.
8. Knabbermaterial in ausreichender Menge bereitstellen.
9. Den Käfig in einem hellen, sonnigen und gut belüfteten Raum oder möglichst oft im Freien aufstellen, allerdings nicht in die pralle Sonne. Vögel brauchen viel frische Luft – relativ betrachtet, ist ihr Sauerstoffbedarf siebenmal so groß wie der des Menschen.
10. Vögel niemals der Zugluft aussetzen; Käfig beim Zimmerlüften gegebenenfalls gut abdecken.

Begriffserläuterungen

Albino Ein Tier mit erblich bedingtem Farbstoffmangel, das deshalb völlig weiß erscheint (lat. albus = weiß). Die roten Augen der Albinos rühren daher, daß das Blut durch die farblose Regenbogenhaut hindurchschimmert.

Altweltlich So bezeichnet man die Kontinente der Alten Welt (Europa, Asien und Afrika) im Gegensatz zur später entdeckten Neuen Welt (Amerika). Australien gehört keiner dieser beiden Kategorien an.

Artgenosse Ein Angehöriger derselben zoologischen Art. »Artfremd« nennt man Tiere, die einer anderen Art angehören.

Artspezifisch, arteigen Charakteristisch für eine bestimmte Art.

Domestikation Haustierwerdung (von lat. domus = Haus). »Domestizieren« bedeutet demnach soviel wie »zum Haustier machen«.

Frischfang Ein in seiner natürlichen Umwelt frisch eingefangenes, also noch ungezähmtes Tier.

Mutation Eine plötzliche, spontane Änderung von Erbanlagen.

Nesthocker Vogelkind, das nach dem Schlüpfen zunächst hilflos im Nest »hocken« bleibt und bis zum Flüggewerden von den Eltern betreut wird. Im Gegensatz dazu stehen die »Nestflüchter«, die gleich nach dem Verlassen des Eies mehr oder weniger selbständig sind (z. B. Hühnerküken).

Nomenklatur Die wissenschaftliche Benennung (lat. nomen = Name) von Tieren und Pflanzen aufgrund internationaler Vereinbarungen.

Ornithologie Vogelkunde (von griech. ornis = Vogel und logos = Kunde). Ein Ornithologe ist somit ein Vogelkenner oder -fachmann.

Sepiaschale Der länglich-ovale kalkige Rückenschulp des Tintenfisches (**Sepia**), als Futterzusatz für alle körnerfressenden Vögel unerläßlich.

Standard Der von den Liebhabervereinen aufgestellte Idealtyp einer Zuchtrasse oder eines Farbschlags. Bei Zuchtwettbewerben werden die Vögel von den Preisrichtern nach dem jeweiligen Standard beurteilt und bewertet.

System Die Zusammenstellung sämtlicher Lebewesen in einem abgestuften Ordnungsgefüge, das auf der verwandtschaftlichen Zusammengehörigkeit beruht. Die »Systematik« ist der Zweig der Biologie, der sich mit der Einordnung der Pflanzen und Tiere in dieses System befaßt.

Wildfang In der »Wildnis« eingefangenes, also nicht in Gefangenschaft gezüchtetes Tier.

Weiterführende Literatur

Vogelhaltung allgemein:

D. Avon / T. Tilford / S. Schmitz: Vögel für Käfig und Voliere, BLV Verlagsgesellschaft, München

J. Nicolai: Vogelhaltung - Vogelpflege, Franckh'sche Verlagshandlung, Stuttgart

– : Käfig- und Volierenvögel, Franckh'sche Verlagshandlung, Stuttgart

A. Rutgers (Hrsg.): Enzyklopädie für den Vogelliebhaber, 3 Bände

W. B. Sachs: Vogelpflege leicht gemacht, Franckh'sche Verlagshandlung, Stuttgart

G. Steinbacher: Knaurs Vogelbuch, Droemersche Verlagsanstalt, München-Zürich

Papageien allgemein:

C. Aschenborn: Die Papageien. Ihre Pflege und Zucht, Philler-Verlag, Minden (Lehrmeister-Bücherei 853)

H. v. Boetticher: Papageien, A. Ziemsen Verlag, Wittenberg (Die neue Brehm-Bücherei 228)

C. af Enehjelm: Papageien. Haltung - Zucht - Arten, Franckh'sche Verlagshandlung, Stuttgart

– : Sittiche. Haltung - Zucht - Arten, Franckh'sche Verlagshandlung, Stuttgart

W. de Grahl: Papageien in Haus und Garten, E. Ulmer Verlag, Stuttgart

– : Sittich-Arten in Farbe, A. Müller Verlag, Braunschweig

Wellensittiche:

H. J. Michaelis: Der Wellensittich. Leitfaden für Haltung und Zucht, A. Ziemsen Verlag, Wittenberg (Die neue Brehm-Bücherei 244)
G. A. Radtke: Die Farbschläge des Wellensittichs. Philler-Verlag, Minden (Lehrmeister-Bücherei 820)
B. Ragotzi: Freude am Wellensittich, Reimer-Verlag, Berlin
F. Reinhardt: Kobold Tschirri - der sprechende Wellensittich, Franckh'sche Verlagshandlung, Stuttgart (mit Schallplatte)
A. Rutgers: Wellensittiche - pfleglich gehalten und kundig gezüchtet, E. Ulmer Verlag, Stuttgart
A. Thiebes: Der Wellensittich. Seine Haltung und Pflege, Philler-Verlag, Minden (Lehrmeister-Bücherei 818)
– : Der zahme und sprechende Wellensittich, Philler-Verlag, Minden, (Lehrmeister-Bücherei 816)

Unzertrennliche:

H. Hampe: Die Unzertrennlichen. Verlag J. Helène, Pfungstadt

Krankheiten:

A. Kemna: Krankheiten der Stubenvögel, Philler-Verlag, Minden (Lehrmeister-Bücherei 973)
H.-S. Raethel: Krankheiten der Vögel, Franckh'sche Verlagshandlung, Stuttgart

Käfige und Volieren:

C. af Enehjelm: Käfige und Volieren, Franckh'sche Verlagshandlung, Stuttgart
J. Schräpel / H. Richter: Volieren in Zimmer und Garten, Norddeutsche Verlagsanstalt, Hannover

Zeitschriften:

Die Gefiederte Welt, Verlag J. Helène, Pfungstadt
Geflügelbörse, Verlag Jürgens, München
AZ-Nachrichten (Nachrichten der Austausch-Zentrale der Vogelliebhaber und Züchter Deutschlands, München - für Mitglieder)

Namen- und Sachregister

humboldt-taschenbücher

ht-praktische ratgeber

Haushalt
Haushaltstips (213)
Mixgetränke (218)
Partybuch (231)
Speisepilz/Giftpilz (256)
Weine (288)
Deutsche Weine (361)
Umzug (387)
Alkoholfr. Mixgetränke (396)
Tee zubereiten (437)
Weihnachtsgeschenke, Weihnachtsschmuck (434)
Selbstversorgung (449)
Energie sparen (461)

Do it yourself
Anstreichen, Tapezieren (234)
Heimwerkstatt (320)
Einrichten, Reparieren (321)
Außenarbeiten (334)
Holzarbeiten (335)

Kind und Erziehung
Erziehen (80)
Vornamen (210)
Unser Baby (233)
Schulsorgen (239)
Schulanfang (262)
Schwangerschaft/Geburt (392)
Schwangerschafts-Gymnastik (468)

Tips für Kinder
Kinderspiele (47)
Was Kinder basteln (172)
Was Kinder raten (193)
Was Kinder schenken (264)

Gesundheit
Erste Hilfe (207)
Kneippkur (230)
Zuckerkranke (236)
Herzinfarkt (250)
Verdauung (310)
Autogenes Training (336)
Rückenschmerzen (339)
Heilpflanzen (342)
Guter Schlaf (354)
Heilmassage (355)
Rheuma (364)
Allergien (365)
Hautkrankheiten (388)
Sauna (406)
Heilfasten (407)
Kopfschmerzen (408)
Naturheilkunde (410)
Alternativ kochen (417)
Welche Kur ist richtig (423)
Entspannungs-Training (430)
Depressionen (431)
Erkältung und Grippe (435)
Bandschelbenbeschwerd. (442)
Streß vermeiden (452)
Frauenkrankheiten (455)
Selbsthilfe durch Autogenes Training (466)

Schönheit
Schönheitstips (203)
Schönheitspflege (343)

Praktische Lebenshilfe
Leichter lernen (191)
Ruhestand (216)
Traumbuch (226)
Nähen (240)
Reden f. jeden Anlaß (247)
Handschriften deuten (274)
Angst erkennen (276)
Gästebuch (287)
Taschenrechner (292)
Briefe besser schreiben (301)
Gutes Benehmen (303)
Fotolexikon (308)
Partnerwahl (312)
Gedächtnis/Konzentr. (313)
Krankenversicherung (322)
Versicherungen (357)
Autofahren heute (375)
Landleben f. Städter (376)
Liebesbriefe schreiben (377)
Behörden (409)
Bildschirmtext (457)

Beruf
Buchführung (211)
Geschäftsbriefe (229)
So bewirbt man sich (255)
Komma-Lexikon (259)
Der richtige Beruf (411)
Tischcomputer (415)
Programmiersprache BASIC (456)
Eignungstests (463)

Zimmerpflanzen/Blumen
Zimmerpflanzen (270)
Kakteen (271)
Ikebana (353)
100 schönste Kakteen (370)
Die schönsten Zimmerpfl. (428)
Grabschmuck (471)

Haustiere
Katzen (212)
Dackel (224)
Pudel (258)
Wellensittiche (285)
Goldhamster (289)
Schäferhunde (298)
Wie helfe ich krankem Hund (319)
Hundelexikon (332)
Kanarienvögel (356)
Wie erziehe ich m. Hund (371)
Ponys (393)
Cocker-Spaniels (441)
Aquarienfische (447)

ht-kochen mit pfiff!

Küchentips
Tiefkühlkost (219)
Schnellkochtopf (251)
Backen (269)
Küchenbegriffe (340)
Kräuter und Gewürze (341)
Geschenke a. d. Küche (404)
Frühstück (418)
Milch, Quark, Joghurt (440)
Eiergerichte (453)

Diät/Leichte Kost
Diätkost f. Zuckerkranke (257)
Diätkost f. Leber/Gallenkr. (260)
Schlankheitsküche (316)

Kalte Küche
Kalte Küche (221)
Salate (286)
Käselexikon (358)
Früchte zubereiten (378)

Fleisch- u. Fischgerichte
Fleischgerichte (222)
Fischgerichte (223)
Grillen + Flambieren (245)
Fondues (294)
Tontopfgerichte (367)
Geflügelgerichte (379)

Vor- und Nachspeisen
Allerlei Suppen (307)
Nachspeisen (317)

Ausländische Küche
Mittelmeerküche (275)
Ital. Küche (328)
Jugosl. Küche (359)
Chines. Küche (366)
Franz. Küche (405)

ht-freizeit-hobby-quiz

Mein liebstes Hobby
Briefmarkensammler (58)
Zierfische (171)
Mikroskopieren (249)
Modelleisenbahn (266)
Mein Aquarium (272)
Bergwandern (278)
Steine, Mineralien, Kristalle (280)
Pfeiferauchen (318)
Jagd (325)
Am Brunnen v. d. Tore (331)
Tanzen (362)
Modellflug (383)
Gitarrenschule (390)
Campingurlaub (399)
100 Volkslieder (400)
Elektron. Bauelemente (414)
Video – mein Hobby (422)
Trödel, Raritäten (445)
Musizieren (469)

Handarbeiten
Häkeln (314)
Stricken (315)
Schönste Handarbeiten (459)
Nähen + Schneidern (472)

Künstlerisches Gestalten
Zeichnen (268)
Bauernmalerei (368)
Batik (369)
Malen (381)
Töpfern (384)
Trockenblumen (385)
Stoffmalerei (394)
Glasmalerei (402)
Aquarellmalerei (426)
Porzellan/Keramik bemal. (429)
Ölmalerei (450)
Künstl. Blumen (458)
Die schönsten Basteleien (464)

Fotografieren/Filmen
Modern fotografieren (204)
Modern filmen (232)
Filmen – Technik, Motive (330)
Fotomotive (346)
Fotolabor (389)